配管技術研究協会誌

Vol.58　No.1　2018. 4.

春・夏季号

目　次

特集：「①流体の計測と制御、②配管技術最近の動向」について

編集委員会

今回の協会誌春夏号は、「①流体の計測と制御、②配管技術最近の動向」の２テーマにて特集を組みました。

まず、前者の「①流体の計測と制御」に関してですが、配管内流体における計測で、第一に考えられるのは、流量の計測です。

流量計測を分類すると、管路を流れる流体流量を測るものと、開渠を流れる流体流量を測るものとに大別されます。前者はあらゆる種類の流体を含み、後者は大気に開放された流れであり、それは液体に限られます。

管路の流量計測を行う上で、流体の速度（平均流速）を求めることがベースとなります。配管内の流速を求める上で、流量計を使用します。

これには様々なタイプがあり、配管内流速を求めるには、オリフィスを設置し、その前後の差圧を測り流速を求めたり、他に超音波、（カルマン）渦、タービン、電磁波、コリオリの力、浮子の隙間の面積、を利用して求めたりします。

また、流量計測には、流体のエネルギーにより運動子（回転子）を作動させ、運動子の回転数から流量を算出する容積式流量計があります。

第二の配管内流体計測として、管内圧力計測があります。配管内の圧力計測は、一般に計測対象配管に検出導管を設置し、導管をマノメータ、圧力計に接続し計測を行います。

以上記載した流量計測、圧力計測以外に、第三の配管内流体計測として、管内流体の温度計測があります。

温度計測は、熱電対、サーミスタ、バイメタル温度計などの温度センサーを用いておこないますが、過剰な圧力、速度、腐食に起因する損傷からセンサーを保護するためにサーモウエル（保護管）内に各種センサーを差し込んで使用します。

一般にプラント・装置類では、以上の流量・圧力・温度等の計測結果をもとに、流体の流れの制御を行います。この制御を行うものとして、調整弁、調節弁などがあります。これらの弁類は、流体計測（流量・圧力・温度）結果をもとに弁下流部において、所定の圧力・流量・温度になる様に流体の制御を行います。

プラント・装置類における配管内流れは、プラント・装置類の所定の機能を果たすために、常に流体計測を行い、流体制御を行うことが重要です。よって、これらを如何に正確に行うかが、プラント・装置類の運転効率に影響します。

人間に例えれば、流体が流れる配管は血管であり、流体計測を行うためのこれら計装設備類は、神経に当たるもので非常に重要なものとなります。

従って、配管業務に携わる方々は、流体の計測と制御を行う計装設備と制御設備の目的と機能を十分理解しておくことが必要であり、以上の点から、今回の特集テーマの一つとして、「①流体の計測と制御」を取り上げることとしました。

さて、二つ目の特集テーマである「②配管技術最新の動向」に関してですが、本テーマでは工事工法技術と製品技術に関し、最新技術動向の幾つかの記事を掲載させて頂いております。

配管類は、最終的には、現地工事において最終組立て完了となり、工事を如何に効率的に行い、工事期間短縮を図ることが、事業成立性で重要となります。ここでは、幾つかの最新技術の紹介をさせて頂いております。

今回の特集テーマにおける内容が、今後の各位の御仕事の御参考と御活用等頂ければ幸いです。

第58巻第1号4月10日発行(年2回発行)　ISSN 2186-2508

配管技術研究協会誌

Journal of the Society of Piping Engineers

春・夏季号

特集　①流体の計測と制御
②配管技術最近の動向

http://www.haikan-kyokai.jp
発行:一般社団法人 配管技術研究協会
発売:日本工業出版株式会社

VOL58. No. 1
2018.4

特集①　流体の計測と制御

圧力の測定技術

＊田中　英之

1. はじめに

圧力は、温度や流量と並んでプロセスを制御する上で重要な要素で、その計測も重要なポイントである。いかなる業種においても、流体を扱っているところには必ず圧力は存在し、それを知るためには圧力計が必要である。計測の重要性については今更説く必要もないが、装置やプラントの高度化に伴い、そこに要求される計測器の性能、機能は益々多様化の一途を辿っているし、それに見合った機種が用意されている。

ここでは、正しい圧力の測定を行う第一歩として圧力の基礎と圧力計の基本的な種類や選定、使用方法について解説を行う。

2. 圧力の基本

2.1 圧力とは

固体においては、力を受けると圧縮応力や引張り応力が生じるが、この応力は固体の内部でも場所によって値が異なる。これに対して気体や液体（これらを総称して流体という）では力を受けると圧縮応力のみが生じ、しかも流体が連続している限り場所による差異がない（パスカルの原理）。この流体内に発生する圧縮応力が、我々が圧力計を用いて測れる圧力である。

2.2 圧力の種類

我々の周囲は大気と呼ばれる空気に取り囲まれているが、この重さにより圧力を生じており、これを大気圧（大気の圧力は気象状態などによって変化するが、101325Paを標準大気圧としている）と呼んでいる。図2.1の如く、この大気圧を基準としてそれ以上をゲージ圧力と呼び、絶対真空までを真空と呼ぶ。絶対真空を基準として測る圧力を絶対圧力と呼ぶ。また、ある圧力（基準圧）を基準として測る圧力を差圧と呼んでいる。このように圧力は全て、“ある圧力”を基準として測定される。

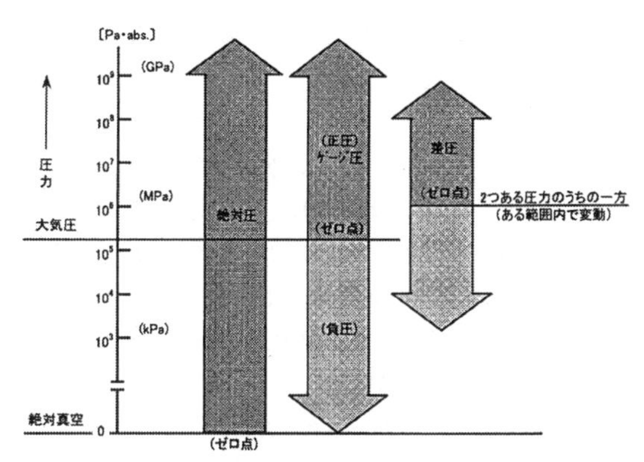

図2.1　圧力の種類

2.3 圧力の単位

圧力は単位面積当りに作用する力の大きさで表される。日本においては1993年に新計量法が施行され、原則的に圧力の単位は、それまでkgf/cm^{2}であったものがSI単位であるPa（パスカル）に変更されている。

圧力の定義から1m^{2}あたり1N（ニュートン）の力が作用すると1Paの圧力が発生する事になる。

3. 圧力計の種類と特徴

3.1 圧力計の種類と用途

圧力計には、液柱の重さの釣合いを利用した液体圧力計、金属の弾性を利用した弾性圧力計および電気現象を利用した電気圧力計がある。

3.1.1 U字管圧力計（マノメータ）

U字管圧力計は、ガラス管をU字形に曲げたもの

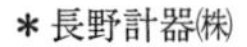
＊長野計器㈱

に液体を入れ、圧力差を測定するもので、液体圧力計のうちで最も簡単な構造のものであり、一般には低い圧力の測定に用いられる。

3.1.2 重錘型圧力計

重錘型圧力計は、自由ピストン式ともいわれ、液体圧力計の一つであり、精度が高く圧力基準器に用いられる。

3.1.3 ブルドン管圧力計

ブルドン管圧力計は、ブルドン管を弾性素子に用いた弾性圧力計の一つで、幅広い用途に用いられ、その種類も多岐にわたる。用途別に、圧力計の種類、圧力範囲を表3.1に示す。

JIS B 7505-1:2017（アネロイド型圧力計－第1部：ブルドン管圧力計）では正のゲージ圧力を測定するものを圧力計、負のゲージ圧力を測定するものを真空計、正および負のゲージ圧力を測定するものを連成計と分類し、定格条件として用途についても規定している。表3.2にJISに規定の用途条件を示す。

3.2 測定原理と特徴

3.2.1 機械式（ブルドン管圧力計）

(1) 測定原理

図3.1にブルドン管圧力計の構造を示す。ブルドン管圧力計は、接続部・ブルドン管・内部機構・ケース部の四つの部品から構成されている。ブルドン管とは、断面が平円形または楕円形に潰した金属管を円弧状に成形したもので、その一端を圧力を導入する接続部に固定し、他端を溶接などにより密封して自由に動けるようにしたものである。内部機構は、ピニオン（小さなギヤ）、セクタ（大きなギヤ）、リ

表3.1 圧力計の種類と圧力範囲

用途	種類	圧力範囲
一般装置用 プラント用 (JIS B 7505-1対応)	普通形圧力計	-0.1～100MPa
	密閉形圧力計	
	汎用形圧力計	-0.1～40MPa
油圧機器用 プラント用 (耐振動、耐脈動用)	グリセリン入圧力計	-0.1～200MPa
プラント用 (屋外、耐雰囲気用) 高圧水素用	ソリッドフロント圧力計	-0.1～200MPa
空圧ライン、空圧機器、医療器用	小形圧力計	0.1～3.5MPa
高圧化学工業、油圧等の高圧測定用	高圧圧力計	150～700MPa
半導体産業用	半導体産業用圧力計	-0.1～25MPa
計器の校正用 工程の管理用	0.6（0.5）級圧力計	-0.1～200MPa
	精密圧力計	-0.1～700MPa

表3.2 用途条件（JIS B 7505-1:2017）

用途	条件
一般用	周囲温度および圧力媒体温度は-5℃～+45℃ 計器の最大許容誤差を超える振幅で指針を変動させるような振動または衝撃が加わらない場所で使用するもの
蒸気用	周囲温度が10℃～50℃の場所に装備して使用するが圧力媒体が運転開始時の水蒸気のような一時的に100℃の高温に耐えるもの 用途による記号はM
耐熱用	周囲温度が最高80℃になる場所で使用するもの 用途による記号はH
耐振用	振動および脈動圧の影響で指針の変動が一般の条件を超える条件で使用するもの 用途による記号はV
蒸気・耐振用	蒸気用および耐振用の両方の条件下で使用に耐えるもの 用途による記号はMV
耐熱・耐振用	耐熱用および耐振用の両方の条件下で使用に耐えるもの 用途による記号はHV
耐食用	腐食性の圧力媒体の測定をおこなうもの
密閉形	屋外での使用などで飛まつに対する保護を施したもの

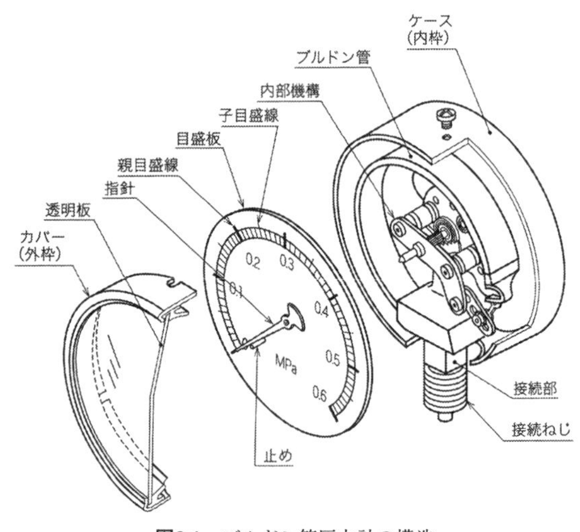

図3.1 ブルドン管圧力計の構造

ンク機構等により構成された拡大機構である。

ブルドン管に圧力を加えると、ブルドン管は内外の圧力差により断面が元の円形に近づき、管の自由端は圧力にほぼ比例して全体が一直線になるよう外側に向かって変形する。この変位は弾性範囲内で所定の圧力によりわずかに変位するようになっているので、内部機構により拡大し、目盛板上の指針（ピニオンに取り付ける）の位置（回転）で圧力を読み取るものである。

(2) 特徴

機械式圧力計の特徴は、電源等の動力源が不要なこと、電気式に比べて安価なこと、多くの種類があるため、用途に応じて選定できること、ノイズ等の電気的な影響を受けないこと等が挙げられる。

3.2.2 電気式

(1) 測定原理

電気式の圧力計は、圧力センサによって圧力を電気信号に変換するが、その原理、方式共に多種多様である。ここではその代表例として、半導体歪ゲージ式圧力センサの１種であるSOISS圧力センサについて解説する。

SOISS（Silicon On Insulated Stainless Steel）圧力センサ（図3.2）は、高強度ステンレス鋼製ダイアフラム上にSiO_2などの絶縁物が形成され、その上に半導体歪ゲージが形成されている。

圧力がセンサに加わると、ダイアフラムが弾性変形する。これに伴い、ダイアフラム上の半導体歪ゲージも変形し、圧力に応じて抵抗値が変化する。この変化を電気的に拡大、変換して表示や制御を行う。

(2) 特徴

機械式に比べ、精度、応答性、機械的強度（耐圧、耐振動、耐衝撃、耐久）が優れている。また出力信号（データ）をコンピュータに取り込んで各種の処理が容易にできる等が挙げられる。

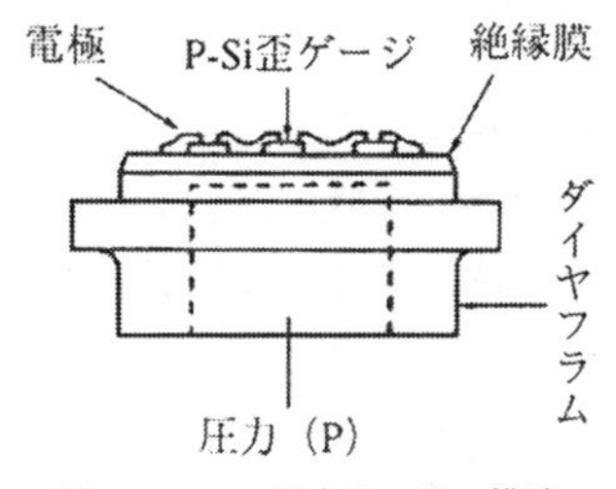

図3.2　SOISS圧力センサの構造

4. 受圧素子の種類と特徴

4.1 ブルドン管

低圧から高圧までの広い範囲において、ある程度の力と変位を外形形状を大きく変えずに実現できるため、圧力計に組み込んだ場合、圧力計の外径を一定にしたまま広い範囲のレンジに対応できるという極めて優れた特徴がある。

このため、受圧素子として最も多く使用されている。

ブルドン管の形状としては、一般的にはアルファベットのＣ形をしたものが多いが、他にも主に高圧の場合に使用されるコイル状のヘリカル形や、内部拡大機構を持たない構造の圧力計に使用される渦巻き状のスパイラル形等がある。

4.2 ベローズ

蛇腹形状をした素子で、ブルドン管よりも低圧に使用される。また、同等の圧力の場合、ブルドン管よりも大きな力が得られるため、圧力スイッチにも多く使用される。

4.3 チャンバ

ダイアフラムを２枚貼り合わせた形状をしており、カプセルとも呼ばれ、ベローズよりも更に低い圧力範囲で使用される。

4.4 ダイアフラム

隔膜式圧力計や電気式圧力計の受圧部として使用される。特に隔膜式圧力計の場合、多種の材質が選択できる利点がある。

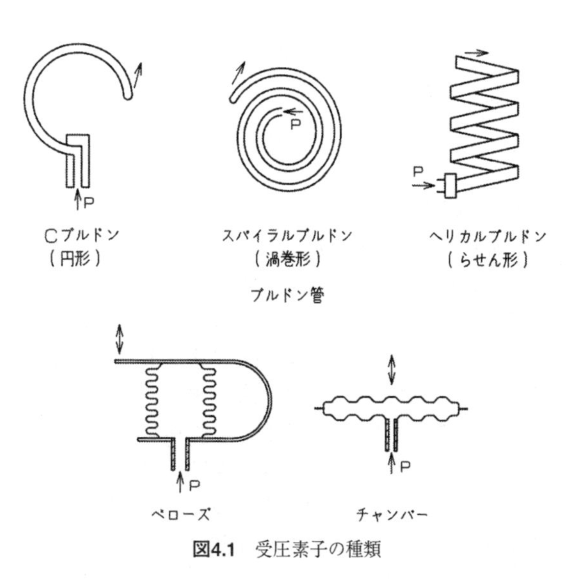

図4.1　受圧素子の種類

5. 圧力計の選択

これまで解説してきたように、圧力計には多種多様なものがあり、これらの中からそれぞれの用途に最も適切な機種を選定することが、正しい測定の第一歩である。以下に選定基準について解説する。

5.1 圧力レンジ（常用圧力と圧力レンジ）

圧力計の圧力レンジを選択する場合には、測定しようとする圧力が、比較的狭い範囲で安定しているか、または広い範囲で変動しているかを考慮しなければならない。これは圧力計の精度維持及び受圧素子の寿命を増すために必要なことである。

安定した圧力の場合は、常用圧力が圧力レンジ（最大圧力）の3/4より小さいことが望ましい。

変動圧力または脈動圧力の場合は、常用圧力が圧力レンジ（最大圧力）の2/3を超えないようにする。

5.2 材質

5.2.1 ブルドン管

低圧域（2.5MPa以下）では黄銅、アルミブラス、りん青銅が、高圧域（100MPa以下）ではステンレス鋼が多く用いられている。

5.2.2 ベローズ、チャンバ、ダイアフラム

リン青銅やステンレス鋼が多く使用される。電気式圧力計ではステンレス鋼以外に、シリコンが使われる。

5.3 出力指示・信号

電気式圧力計では、コンパレータ出力やアナログ出力が標準またはオプションで設定されているものが多い。

コンパレータ出力は電子式スイッチで、定格は機種によって異なる。

アナログ出力は圧力に比例した信号で、国際規格により4～20mADCや1～5VDC等と決められている。

5.4 環境

5.4.1 振動・脈動圧力

(1) 機械式（ブルドン管圧力計）

例えばポンプ、コンプレッサなどの回転機に取り付けられる圧力計は、回転周期により発生する脈動圧力と、回転機そのものの機械的振動の、両方の影響を同時に受けるので、このような所に使われる圧力計は、耐振構造のものを選ばなければならない。

このように振動（脈動圧力）のある所には、JISのV耐振構造のものや、Vよりも更にグレードが高い耐久形（樹脂モールドによるセクタを使ったもの）や、耐振動形の決定版ともいわれるグリセリン入圧力計を選定するのが賢明である。また、スロットル（固定絞り）やダンプナ（可変絞り）といった絞りを入れることも脈動圧力に対しては効果がある。

(2) 電気式

電気式の場合は、一般的に受圧素子が小さく容積変化量が微少なので、シリンダや切換弁の作動により生じる大きなサージ圧の影響を受けやすい。絞りも機械式圧力計ほどには効果を発揮しない。従って、圧力範囲に充分余裕を見るか、アキュームレータを用いた管路での対策とともに、高耐圧またはサージ圧対策の施された機種の選定が必要である。

5.4.2 温度

(1) 機械式（ブルドン管圧力計）

圧力計が使われる場所の周囲温度も、圧力計に対して影響を与える。受圧素子のブルドン管はバネの一種なので、温度により弾性係数が変化し示度誤差となって現れる。普通形の許容周囲温度は－5～45℃であり、これを超える場合にはJISのH耐熱形（最高80℃）のものを選定する。また、輻射熱には遮蔽板を、屋外取付けには日除けを設置することも効果がある。

測定流体が高温の場合は、パイプサイホン（パイプをループしたもの）を検出部と圧力計の間に設置すると効果がある。蒸気を測定する場合には、JISのM蒸気用を選定し、更にパイプサイホンの設置が望ましい。

マイナス側も一種の耐熱を意味するが、－5℃以下についてはJISでの規定はないが、実際には－30℃程度といった環境もあり、メーカーにはそういう製品も用意されている。

(2) 電気式

通常、受圧素子の温度特性による誤差が最も大きいため、温度特性のよい受圧素子の選定及び測定流体の温度影響を受けにくい場所への設置が必要となる。

5.4.3 湿度・結露

湿度そのものは、機械式、電気式供に大きな影響は受けないが、結露には注意が必要である。特に電気式の場合、受圧素子の内部が結露すると、回路のショートなどが起こる。低温となる機器の場合はこの点に留意する必要がある。

5.4.4 測定流体

酸・アルカリなど腐食性がある流体については、耐食データから使用可能か否かが判断できる場合もある。しかし、腐食性流体の多くは、表示の主要成分に微量の添加物が入っている場合もあり、表示成分だけで判断するのは早計である。また、腐食の発生は一概に流体の成分だけが要因ではないので、特殊な流体の測定には必ず事前に実際の条件での腐食試験を行うことを推奨する。

測定流体に対し適切な材質のブルドン管が見当たらない場合、高粘度流体、スラリーなどの固形物が混入した流体、凝固しやすい流体などの特殊流体には、圧力計に隔膜部（ダイアフラム）を設け、圧力計と隔膜部の間にシリコンオイルなどの液体を封入した隔膜式圧力計を選定する。

(1) アンモニア

銅系の材料を侵すので、アンモニアに接触する部分は鉄鋼またはステンレス鋼とする。

(2) アセチレン

アセチレンが銅、銅合金、銀などに接触すると不安定かつ分解爆発性の強い銅アセチリドおよび銀アセチリドを生成するため、材料選定に関しては慎重な配慮が必要である。

(3) 酸素

酸素の場合、油分と接触すると激しく反応し、爆発を起す危険があるので、禁油仕様の圧力計を選定する。

酸素、塩素（含塩酸)、硝酸、過酸化水素など強い酸化作用がある流体については、化学反応により爆発性の物質を発生する恐れがあるので、グリセリン入圧力計（グリセリンの代わりにシリコンを充填した圧力計も同様）は避けるべきである（ASME B 40.1より)。

5.4.5 雰囲気

爆発性雰囲気の場所で使用する電気機器は、労働安全衛生法で各種の防爆構造を要求される。電気式圧力計の場合は、本質安全防爆構造のものがあるので、これを選定する。

6. 使用方法

6.1 取付方法

まず第一に洩れないように取り付けなければならない。ねじがストレートの管用ねじの場合は、ガスケットを入れて締めつける。テーパねじの場合は、シールテープ等を用いて締め付けを行なう。ストレートの場合はユニオンナットを用いると取り付けが便利である。

取り付けの際には、スパナ掛けを使用して締め付けを行い、ケース等に過大な力を加えないよう注意する。ケースに力を加えると、歪みが生じ誤差の原因となる。

6.2 圧力取出し方法

(1) 液体測定の場合、圧力取出し口と指示計の間にヘッド差があると測定値に影響するので注意を要する。例えば、圧力レンジが0～0.1MPaの圧力計を取出し口より1m高い（低い）位置に取り付けて比重1の液体の圧力を測定した場合、圧力計の指示値は実際の圧力より0.01MPaマイナス（プラス）した値を示す。この値は圧力レンジ（最高圧力）の10%にも達するので、予め取り付け位置が分かっている場合は、指針をその分だけプラスまたはマイナスさせておく（ヘッド補正）か、実際の現場へ取り付けてから指針ゼロ調をする。

(2) 圧力配管はゲージを歪めないためと、機器の振動を圧力計に伝えないために、フレキシブルなものを用い共振しないように適宜クランプする。

(3) 圧力指示計と他の検出器（圧力スイッチ、圧力変換機）とを同時に使う場合は、出来るだけ同一箇所から検出する。

(4) ボイラ廻りなどで高温にさらされる場所は出来るだけ避け、止むを得ない場合は遮蔽板などにより圧力計に直接輻射熱が当らないようにする。

(5) 圧力計の入口には保守のため、コックまたはバルブを設ける。

(6) 測定流体が高温の場合は、圧力計に直接導入せずパイプサイホンを設置する。

(7) 測定流体が蒸気の場合は、ドレンが滞留しないよう導圧配管を傾斜させ、その末端にはドレン抜きプラグなどを設ける。

(8) 測定流体に脈動がある場合、圧力計にそのまま導入すると指針が変動して読み取りにくく正確な測定ができないばかりか、圧力計を早期に壊してしまうなど、圧力計の問題点（故障原因）はこの脈動と、もう一つは機械的な振動の二つに殆ど絞られるといっても過言ではない。そこでこの対策として、圧力計の入口に絞り機構を設ける方法があるので紹介する。

一つはスロットルといって圧力計の導入孔に直接装着できる固定形絞りで、場所をとらず、価格も安いので便利であるが最初に絞り程度を確認して最適なものを選んでおかなければならない。

二つ目はダンプナといって圧力計のネジに接手として装着し現場に取り付け後、圧力計の指針の振れ具合を見て絞りを調整するもので便利である。調整は一旦全閉にしておいて、戻しながら調整するのがよい。

スロットルの場合もダンプナの場合も同じであるが、指針の振れがピタリと止まるほど絞ってしまってはいけない。なぜならば、指針が止まっているということは、今示している圧力が測ろうとする圧力を示しているかどうかも判らないからである。従って指針の振れが僅か残る程度が実用的である。

油圧回路においては、回路中に含まれる電磁弁の切換え時に発生するサージ圧が、時には常用圧力の２倍以上にも達することがあり、ブルドン管を永久変形させてしまうことがあるので、このような場合もスロットル等の絞り機構を取り付ける必要がある。

(9) 圧力計取り付け場所に機械的な振動がある場合、可能であれば圧力計は振動源（本体）から離して別に簡単なパネルを設け、そこに圧力計を取り付け、圧力取出し口との間をフレキシブルな銅パイプなどで継ぐ方法が好ましい。この場合、せっかく振動源と圧力計を離しても圧力導入パイプがやわらかなものでなく、鉄鋼やステンレス鋼のような硬いパイプを使うと、振動がこのパイプを通して圧力計に伝わってしまい、離した意味がなくなってしまうので注意を要する。

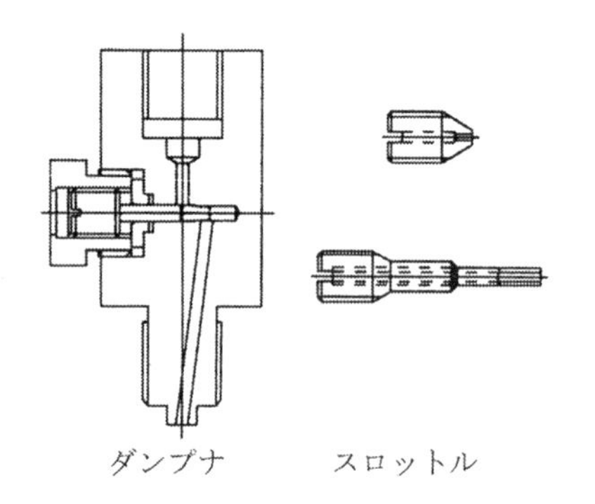

図6.1 圧力計付属品（絞り）

(10) 圧力配管などに直接圧力計を取り付ける場合で、振動が伝わっている場合は、配管からの立ち上がりを少なくしないと振動が増幅され思わぬ結果となるので注意を要する。

7. 保守、管理

7.1 保守点検期間

圧力計の異常は、場合によっては大きな事故に直結する可能性があり、保守点検は法的な規制は別として、最低６ヶ月に一度は定期的にチェックするべきである。

7.2 保守、点検の実際

(1) 圧力計を現場から取り外し、重錘形圧力計または液柱形圧力計などに取り付け、加圧しゼロ点、中間点、最高点は最低限とし、できれば数字の記入してある各点の往復の誤差を記録し、直線性、ヒステリシスが精度内に入っているかどうかをチェックする。

(2) ゼロ点に指針ストッパのついている圧力計では、ゼロ点が確認できないので、次の太線部を代用し、この点を仮想ゼロとしてチェックするとよい。

(3) スロットルを装着した圧力計は、取外してもゼロ点が戻らず、一見ゼロ点示度不適合に見えることがあるので、チェック時は必ずスロットルを外して行う。

(4) 圧力計を取り外せないことが判っている場合は、計装工事の時点で予め圧力計の近くに、テストのためのＴ形接手を設け、普段は止め栓をしておき、チェック時にはこの栓を外し、ここから基準圧力を加えて圧力計をチェックする方法もある。なお、この方法を行なう場合にはＴ形継手の下側にバルブまたはコックを設ける必要がある。

(5) 圧力計の良否の判定は示度が全範囲にわたって精度内に入ることであるが、前述の通り現場から取り外しができない場合もあるので、その場合は止むを得ず、ゼロ点のみのチェックで代えるしかない。一般に圧力計の場合、振動による各部の摩耗、ブルドン管の疲労など何れの場合も多くはゼロ点誤差となって現われるので、極く簡易的にはゼロ点のチェックだけでも良否の判定はできる。大雑把に考えると、ゼロ点の狂いが数パーセントの範囲であれば、ゼロ点のみの修正でまだ使用可能であるが、これ以上の狂いが生じている場合は、圧力計に何らかの致命的な異常が起きていると判断しなければならない。特に怖いのはブルドン管の疲労である。脈動圧の測定をしている場合は、特に注意を要する。

7.3 現場計器の管理

一般に計器を管理するには管理台帳を作成し、計器毎のTag No.があればそのNo.別に、またそれが無い場合は圧力計の目盛板下部に記されているシリアルNo.により管理する。

6ヶ月毎の点検記録を採っていくと必ず傾向が判る。例えば前々回の点検時より前回の点検時の方がゼロ点の修正量が大きく、今回の点検では更に修正量が拡大したとすると、この圧力計は加速度的に摩耗しており、特にブルドン管は疲労し、このまま放置使用すると近いうちにブルドン管が破壊する恐れがあるといった漏洩事故の事前予知ができるのである。このように必ず管理台帳を作り点検記録を定期的に採り、圧力計そのものをいつも良好な状態にしておくことが大切である。

8. まとめ

圧力計について、基本的なところを解説した。用途に合わせ多種類の圧力計があり、それぞれ特徴が異なるため、用途に適した圧力計を選定することは非常に重要であり、正しく圧力を測定するための第一歩となるため、本書を参考に適正な圧力計を選定するよう努めて頂きたい。

【筆者紹介】
田中　英之
長野計器株式会社　技術本部
機械機器技術部　計測技術部　技術二課
〒386-8501　長野県上田市秋和1150
TEL：0268-29-3029
FAX：0268-23-6112

特集①　流量の計測と制御

温度計・圧力計廻り配管の注意点

＊杉山　紀幸

蒸気タービンプラントにおける温度計・圧力計廻り配管の注意点を以下に記載する。

1. 計器座取り付け位置

機器操作時に監視する必要がある計器用の座は、可能な限り操作する機器の近くに取り付ける。例えば、図１のように２台並列運転する機器の圧力を計測する場合、ケース２のように２台の機器計測用に１台の圧力計を設置するだけでは、それぞれの機器の監視ができないため、好ましくない。また、機器から離れるため精度も良くない。計器座の取り付けに於いては、メンテナンス性及び監視のし易さ等レイアウトを十分考慮しなければならない。

2. 圧力取出座

(1) 圧力検出座の取り付け方向は、測定流体に応じて図２の斜線部の範囲とする。

図３の斜線部の範囲に検出座を設置した場合は、圧力計測上、次のような悪影響が出る恐れがある。

液体

・(Ⅰ)の範囲は、管路中の腐食生成物、異物等が検出配管中に混入し、詰まりや、放射物質の蓄積などの原因となる。

・(Ⅱ)の範囲は、管路中の気泡が検出配管中に混入し、計器指針のふらつきの原因となる。

気体

・(Ⅰ)の範囲は、検出配管中にドレンが混入し、ヘッド差を生じ計器誤差となる。

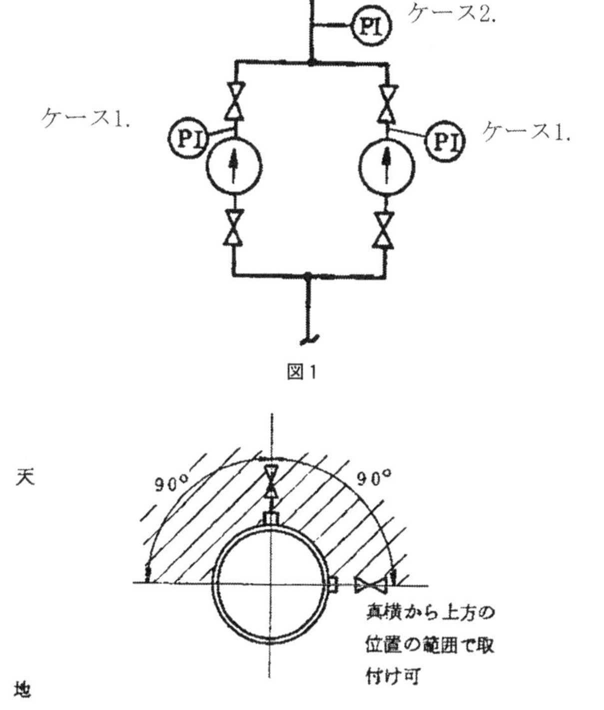

図１

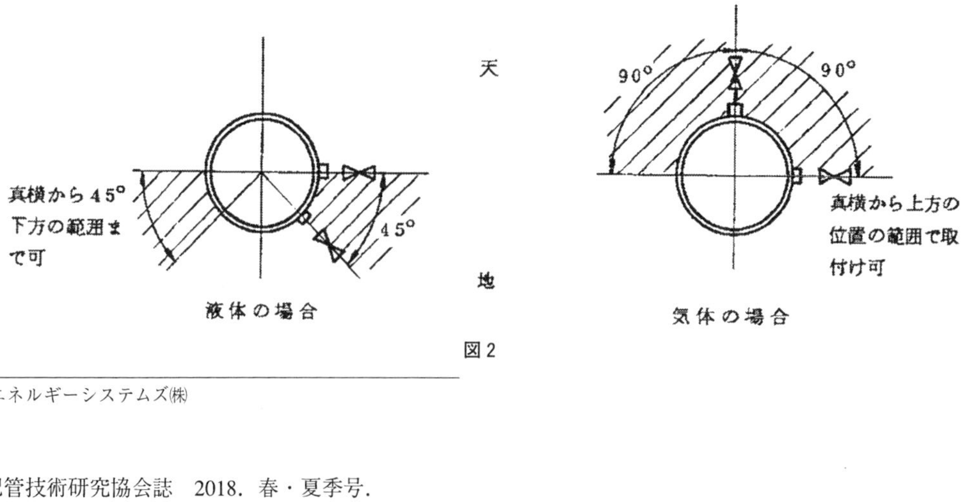

真横から45°下方の範囲まで可

45°

液体の場合

図２

＊東芝エネルギーシステムズ㈱

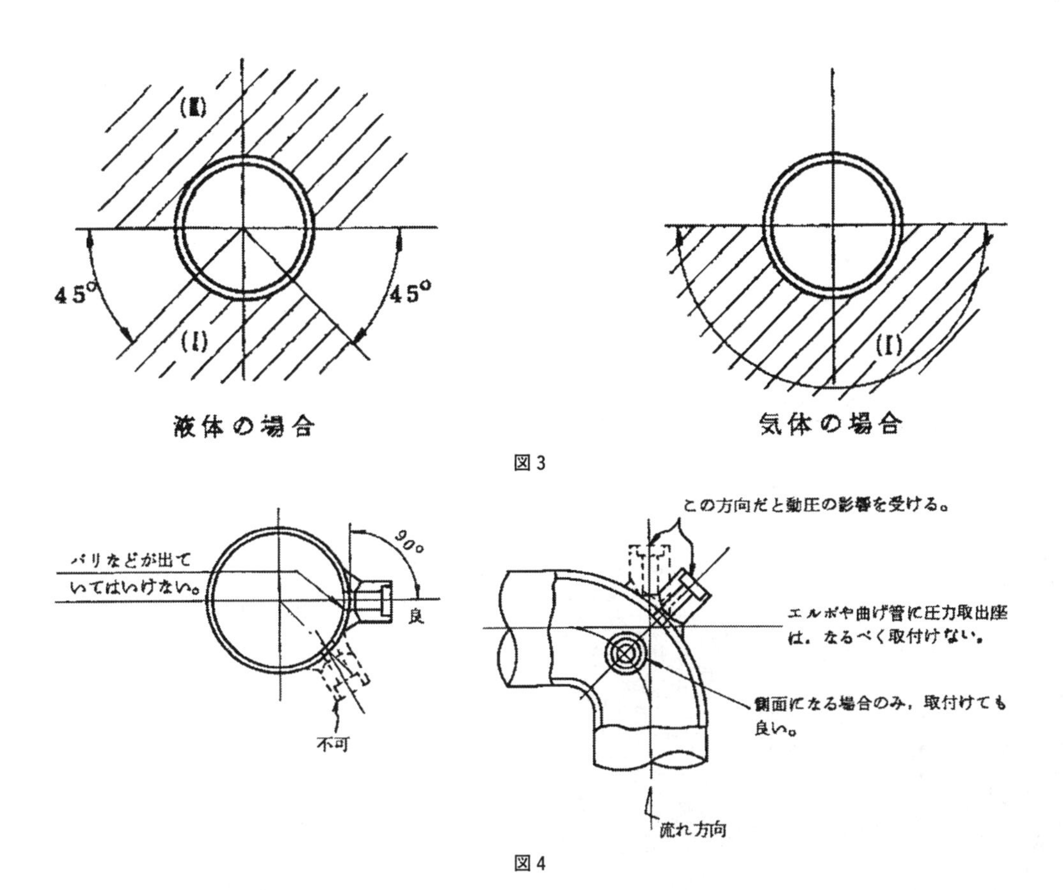

図3

図4

(2) 検出座については、原則として同一検出座よりの分岐は、行わない。ユニットインターロック用とその他（制御用・監視用・警報用等）の元弁は、原則として別々にする。

(3) 座の取り付け高さは、床もしくは架台から、最大でも2m以下の高さが望ましい。ただし、通路中に計器が飛び出す場合は、人の通行の邪魔にならないようにする。

(4) 座は母管に対して垂直とし、正確な静圧測定が可能なものとする。(図4)

(5) ポンプ、エルボ、ベント、T継手及び弁等、流れの乱れる恐れのある所から、上流なら2D（D：管内径)、下流なら10D以上離すことが望ましい。

3. 温度計座

(1) 母管に対し、水平以上に取り付ける。(図5)

(2) 温度計の取り付け、取外しなどの保守スペースを考慮する。また、熱電対、温度スイッチの場合はケーブル施工スペースも考慮しなければならない。(図6)

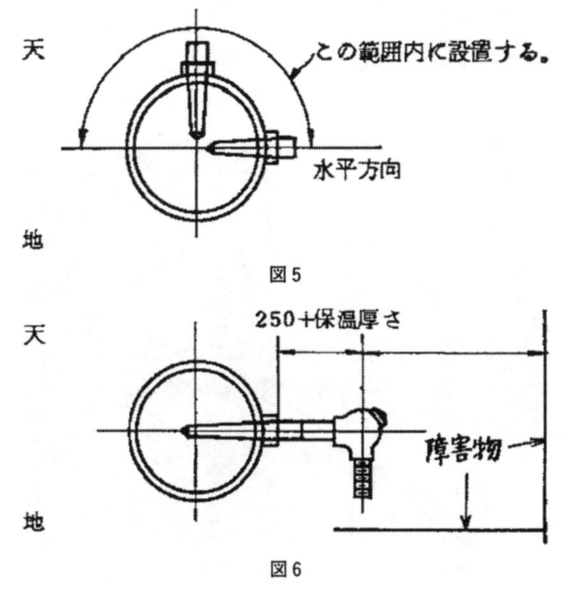

図5

図6

(3) 熱電対又は測温抵抗体のコンジット接続口は、下向きあるいは横向きとなるように取り付けら

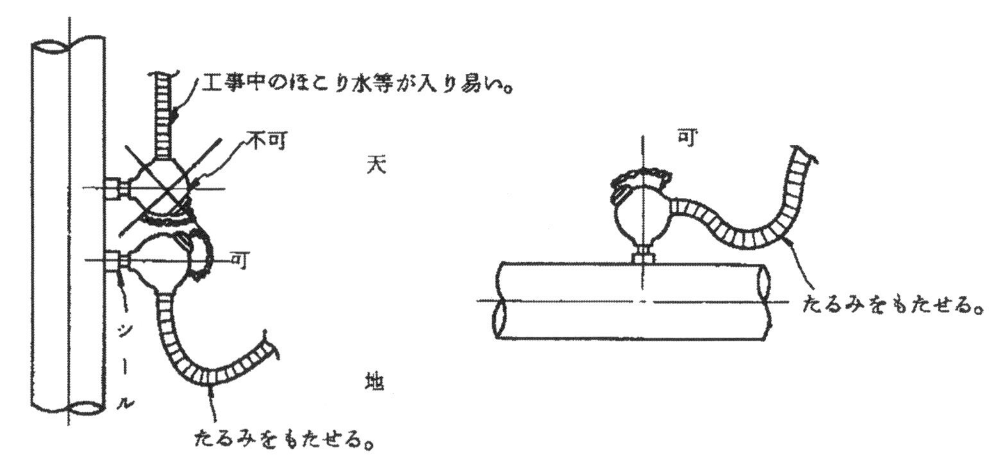

図7

写真1　温度検出器が正常に取り付けられている例

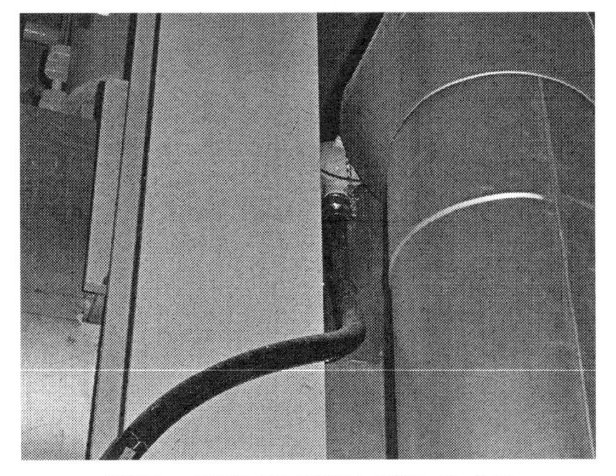

写真2　温度検出器が保温と干渉している例

れる。

（4）絞り機構を用いる流量計（オリフィス、ノズル、ベンチュリ）の付近に温度計座を設ける場合は、これらの流量計の必要直管長さを考慮して設置しなければならない。目安として必要直管長さを表1に示す。

表1

ウェル直径	流量計上流側	流量計下流側
全て	20D以上	5D以上

備考　Dは管内径を示す。

【筆者紹介】
杉山　紀幸
東芝エネルギーシステムズ株式会社
火力・水力事業部　火力情報制御技術部
電気計装設計担当

特集①　流体の計測と制御

流量計の種類と配管設置の注意点

＊金子　和志

1. はじめに

流量計は産業界から学術研究、さらには一般家庭用品まで幅広い分野で使用されており、各分野では多種多様な流量計が活躍している。

プラントにおいては、流量計測は流体の計量、取引、運転管理、プラントの効率向上などに不可欠であり、このための重要なツールが流量計である。流量計を的確に使用するためには、流量計の種類・使用目的に応じた正しい選定および配管設置が必要である。これらを誤ると正しい流量計測ができないばかりでなく、プラントの運転に支障を来す場合がある。

ここでは一般プラントで使用される代表的な工業用流量計の種類、特長、選定について紹介し、配管設置時の注意点について解説する。

2. 流量計の種類と特長

2.1　測定方式による分類

測定方式による流量計の分類を図2.1に示す。工業用流量計は測定原理・方式により、体積流量計と質量流量計に大別される。直接質量流量が計測できる流量計はコリオリ式と熱式が工業用として実用化

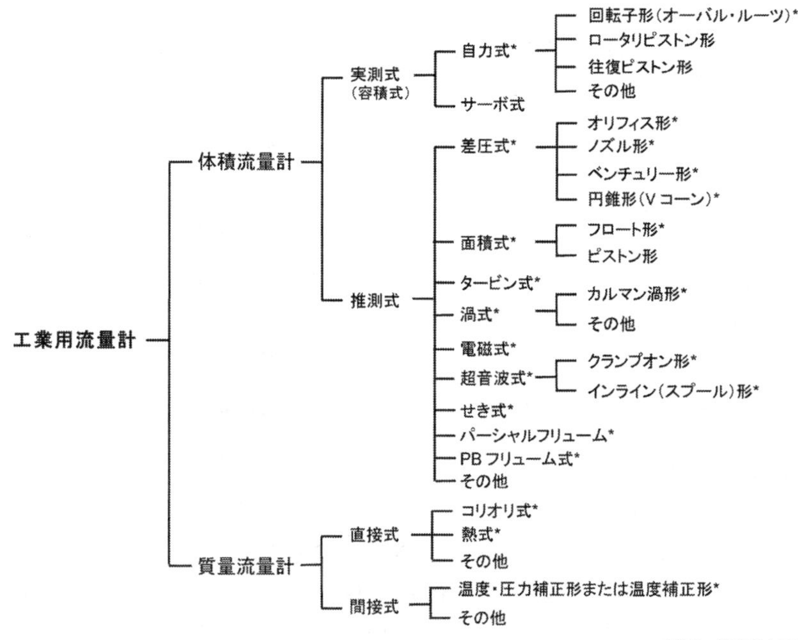

図2.1　測定方式による流量計の分類

＊東京計装㈱

表2.1 流量計の測定原理と主要仕様・特長

流量計名称 / 仕様・性能	① 容積流量計	② 面積流量計	③ 差圧流量計	④ タービン流量計	⑤ 渦流量計	⑥ 超音波流量計	⑦ 電磁流量計	⑧ コリオリ質量流量計	⑨ 熱式質量流量計
測定原理	ますの回転数を計数する。	フロートで流体通過断面積を変えて差圧を一定にし、フロート位置を測る。	ベルヌーイの法則による差圧を測る。	翼車の回転数を計数する。	カルマン渦の発生数を計数する。	超音波の伝搬速度の変化を計測する。	ファラデーの電磁誘導の法則による起電力を計測する。	コリオリ力によるチューブの捻れに起因する時間差を計測する。	熱伝達による温度差または供給熱量を計測する。
	Q=k・N	Q=k・A	$Q=k\sqrt{⊿P}$	Q=k・ω	Q=k・f	Q=k・⊿v Q=k・⊿f	Q=k・e	Q=k・⊿t	Q=k⊿t またはQ=k・⊿q
	k:比例定数 N:ますの回転数(一定体積の吐出回数)	k:比例定数 A:流体通過断面積 A=k1H(高さ)	k:比例定数 ⊿P:オリフィス前後の差圧	k:比例定数 ω:翼車の回転数	k:比例定数 f:渦発生数	k:比例定数 ⊿v:伝搬速度差 ⊿f:周波数差(時間差)	k:比例定数 e:起電力	k:比例定数 ⊿t:時間差	k:比例定数 t:気体の温度上昇 ⊿q:供給熱量
口径 (mm)	10～500	4～400	15～3000	6～600	10～400	6～4000	2～3000	1～300	6～400
測定精度(±%)*1	0.2 ～ 0.5 (RD)	1 ～ 2 (FS)	2 ～ 3 (FS)	0.2 ～0.5 (RD)	1 ～2 (RD)	0.5 (RD) ～ 2 (FS)	0.2 ～ 0.5 (RD)	0.1 ～0.3 (RD)	0.5 ～ 5 (FS)
レンジアビリティ *2	10～20:1	5～12:1	3～10:1	15～25:1	10～80:1	30～150:1	50～300:1	20～100:1	50～200:1
圧力(MPa)	～10	～60	～40	～15	～40	～20	～20	～45	～40
圧力損失	中～大	小～中	小～大	中	小～中	無	無	小～中	小
温度(℃)	-200～+350	-200～+350	-180～+650	-250～+500	-200～+400	-200～+250	-40～+180	-240～+400	～+350
可動部の有無	有	有	無	有	無	無	無	無(チューブ振動除く)	無
正逆流測定	不可	不可	不可	不可	不可	可	可	可	不可
直管長 上流側	不要	不要	10～65D	15～20D	10～30D	10～50D	5D	不要	0～15D
直管長 下流側	不要	不要	2～7D	5D	5D	5～10D	1～3D	不要	0～5D
関連JIS規格	-	B 7551	Z 8762	Z 8765	Z 8766	-	B 7554	B 7555	-

*1. RD:指示値に対する精度 FS:フルスケールに対する精度 *2. レンジアビリティは最大スパンと最小スパンの比

されているが、一般に使用されている流量計の種類では体積流量計が大半を占める。

2.2 測定原理と主要仕様・特長

工業用流量計には流路が円形断面の配管に接続するいわゆる配管用と、排水溝などに使用する開水路用（せき式、パーシャルフリュームなど）の2種類があるが、ここでは代表的な配管用流量計について記述する。

表2.1に流量計の測定原理と主要仕様・特長を示す。表中の測定精度、圧力・温度範囲などの仕様記述は代表的なものを示しているので、詳細は各メーカのデータシート等を確認されたい。

表中の流量計のうち、①容積 ②面積 ③差圧 ④タービン ⑤渦は流体のエネルギーを利用する測定原理であり、⑤渦を除き、無電源で現場指示計として流量測定可能である。流量測定方式は差圧式であるがこれに面積式指示部を組み合わせたオリフィス分流方式の流量計もあり、これも無電源で流量測定可能である。(写真2.1 参照) 一方、⑥超音波 ⑦電磁 ⑧コリオリ ⑨熱式は外部からのエネルギー供給を必要とする。

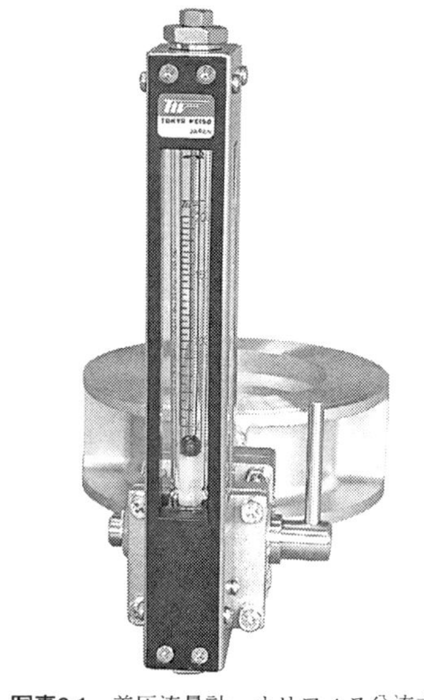

写真2.1 差圧流量計・オリフィス分流方式

3. 流量計の選定

流量計の選定にあたっては、一般的に以下に示すような項目がポイントとなる。

1) 測定対象

2) 設置環境

3）使用目的
4）必要な精度
5）必要な機能
6）メンテナンス性
7）適合規格・法令
8）初期導入コスト
9）TCO （Total Cost of Ownership）*1
*1 導入から設置、運用、メンテナンスなど維持・管理に関するすべてのコストの総計

的確で合理的な流量計選定のためには、これらの項目をすべて評価することが望ましい。ここでは、選定の第１段階である測定対象の確認に関して解説する。

3.1　測定対象の確認

流量計には多種多様な種類があり、適合する機種選定のためにはまず測定対象の確認が必要である。一般的な測定対象の確認事項を表3.1に示す。

3.2　測定流体による流量計の選定

測定流体の種類：液体、気体、蒸気、油、スラリー液などによって、適用可能な流量計の種類が異なる。

表3.2に測定流体による流量計の一般的選定を示す。ここで、表の中の「△：条件付で測定可能」に該当する場合は、メーカに問い合わせて測定の可否について確認することを推奨する。また、「○：適用可能」の場合でも測定流体によって対応機種・モデルが異なる場合が多いので、メーカのデータシート等の確認が必要である。

表3.1　測定対象の確認事項

No.	確認項目	確認内容
1	流体種類	液体、気体、蒸気、スラリー
2	流体名	具体的流体名の把握、不明の場合は流量計仕様に注意
3	流体性状（液体）	薬液濃度、スラリー濃度など
4	密度（比重）	流体名と温度･圧力から計算可能
5	流体温度	常用温度、最高(設計)温度、温度衝撃の有無
6	流体圧力	常用圧力、最高(設計)圧力、耐圧
7	粘度	液体は流体名と温度が分かれば推定可能 気体・蒸気の場合は基本的に不要
8	導電率	電磁流量計のみ確認必要
9	腐食性	温度、濃度、浸透性によって耐食性が変化することに注意
10	色、透明度	直視形と光検出形の流量計のみ確認必要
11	混入物	気泡、異物など
12	流量	最大、常用、最小
13	許容圧力損失	必要に応じて指定
14	脈動	往復動ポンプやダイヤフラムポンプの場合は注意
15	衝撃流・衝撃圧	流路に機構部がある流量計の場合は破損の恐れあり

表3.2　測定流体による流量計の一般的選定

○：適用可能　　△：条件付で適用可能　　×：使用不可

測定流体＼流量計	① 容積	② 面積	③ 差圧	④ タービン	⑤ 渦	⑥ 超音波	⑦ 電磁	⑧ 質量（コリオリ式）	⑨ 質量（熱式）
液体	○	○	○	○	○	○	○	○	△
気体	○	○	○	○	○	○	×	○	○
蒸気	×	○	○	×	○	△	×	△	×
油	○	○	○	○	○	○	×	○	×
水	○	○	○	○	○	○	○	○	×
液体 高温 ～200℃	○	○	○	○	○	○	△	○	○
液体 高温 ～400℃	△	△	○	△	△	△	×	△	△
液体 高粘度＞200 cP	○	△	△	×	×	○	○	○	×
液体 高腐食	△	△	○	△	△	○	○	○	×
液体 スラリー	×	△	△	×	△	△	○	○	×

4. 配管設置の注意点

測定対象や使用目的に基づいて正しく選定された流量計であっても、配管上の設置箇所や設置方法が正しくないと所定の性能が得られないばかりか、トラブルによりプラントの運転に支障を来す場合がある。

流量計は種類別に測定原理が異なるのでそれぞれ固有の注意事項が多々存在するが、まず流量計の共通事項について、次に流量計種類毎に配管設置上の注意事項を中心に解説する。

4.1 流量計共通の注意事項

1）流量計測定管内は常に満液であること（液体用）

液体測定時、「非満水形」として設計された特殊な機種を除き、流量計の管路（測定管）内は測定時には常に測定液体で満たされている必要がある。単純なことではあるが、満液状態になっていないために正常に流量測定できないというトラブルは比較的多い。これを避けるために取付け姿勢に制限のない流量計の場合は、図4.1および図4.2に示すように

- できるだけ上向き配管（流れ方向：下→上）部分に設置する。
- 水平配管に設置する場合は、下流側が上方に立ち上がっている部分か、上向き勾配の部分に設置する。
- 配管の一番高い位置に設置することは避ける。(気泡が溜まりやすくなる)
- 下向き配管（流れ方向：上→下）への設置は避けることが望ましいが、やむを得ない場合は下流側のバルブを絞るなど確実に満液状態が確保できることを確認する。

などに留意する必要がある。

また、タンクへの投入配管など下流側が開放配管の場合は、液が抜けやすいので下流側を高く立ち上げるなどの処置が必要である。(図4.3)

2）必要な直管部を確保

流量計毎に規定された上流および下流の直管長さを確保することが、所定の測定精度を得るために必要である。詳細は次項で流量計種類毎に記述する。

3）取り付け・配線や保守・点検作業が容易な場所を選定

流量計は後のメンテナンス等を考慮して、作業エリアが充分確保できる場所に設置するのが望ましい。

4）バルブは原則として流量計の下流側に設置

流量調節用の制御バルブは流量計の下流側に設置する。また仕切りバルブが上流側に位置する場合は、全開にて使用する。上流側の非全開バルブはキャビテーションが発生すると流量計に影響を及ぼす。(図4.4)

5）流量計は配管で支持

(チューブ接続や固定する設計の流量計は除く)

配管伸縮や振動などの力がすべて流量計に加わらないよう、流量計自体は架台などに固定せずに配管を固定して流量計は配管で支持するようにする。

4.2 流量計種類固有の注意事項

流量計は種類別に測定原理・構造・特性が異なる

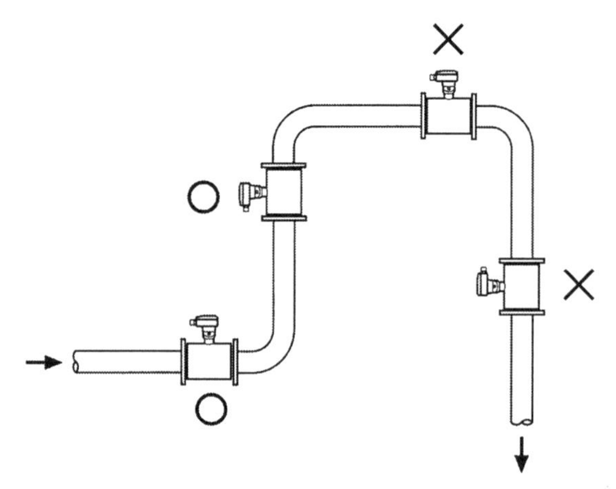

図4.1 液体用流量計の設置位置（1）

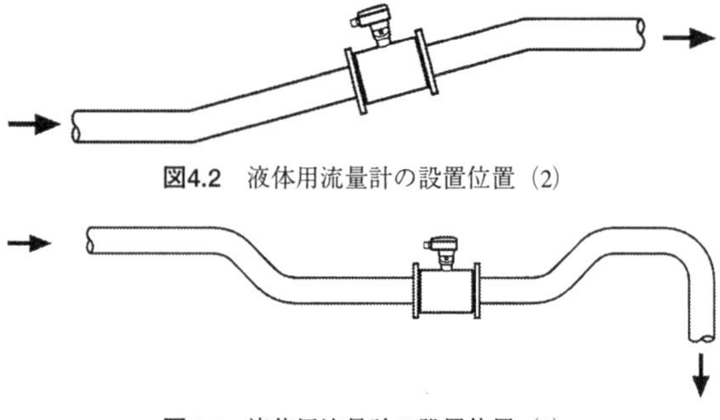

図4.2 液体用流量計の設置位置（2）

図4.3 液体用流量計の設置位置（3）

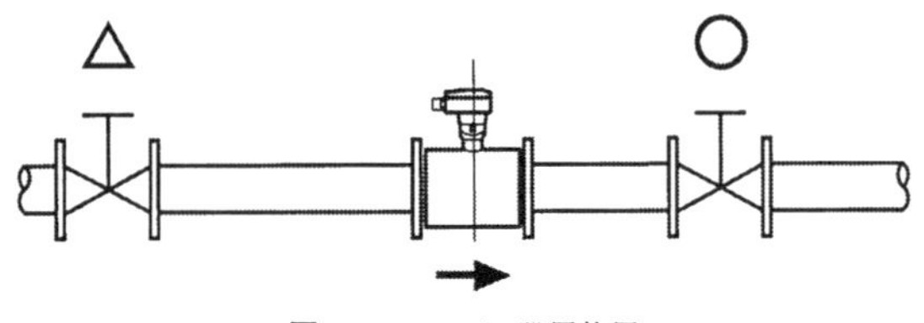

図4.4 バルブの設置位置

ので、それぞれ固有の注意事項が多々存在する。以下、流量計種類別に配管設置上の注意事項を解説する。

4.2.1　**容積流量計**

1）異物混入防止

液体用容積流量計で最大の注意事項で、これを怠ると重大トラブルが発生する。ストレーナのフィルタの選択およびメンテナンスに注意が必要である。

2）脈動流防止

下流側の脈動が問題となる場合は、気液分離器の設置も効果的である。

4.2.2　**面積流量計**

1）取り付け垂直度の確認

面積流量計は一般的に下→上の流れの垂直配管に設置するが、メーカが規定した垂直度を保って設置しないと測定誤差が生じる。(図4.5)

2）激しい脈動流や衝撃流の防止

脈動流の影響を緩和するためダンパー付の機種もあるが、ダンパーは衝撃流などによるフロートや内部機構部品の損傷を防止するものではない。電磁弁などによる流量ON/OFF動作は避けるべきである。

3）熱衝撃（ガラステーパ管）

ガラステーパ管の場合は、ガラスの耐熱衝撃性について充分なチェックが注意である。場合によっては金属管面積流量計への変更が必要となる。

4）旋回流の影響

面積流量計のフロートは流れにより回転するタイプが多いので、旋回流があると回転が過度になってフロートや軸受けが短期間に摩耗する場合がある。旋回流が生じないかどうか、配管レイアウトの確認が必要である。

4.2.3　**差圧流量計**

1）直管長の確保

オリフィスなど一般の差圧流量計は直管長の影響を受けやすい流量計である。流量計の上下側に直管長が確保されないと測定に大きな誤差が生じるので、メーカの規定等に従い設置する。また、JIS Z 8762-2「円形管路の絞り機構による流量測定方法－第２部：オリフィス板」に必要最小直管長さが規定されているので、参照されたい。

円錐形の絞り機構を採用したVコーン流量計は差圧流量計でありながら必要直管長が極めて短いという特長がある。(図4.6) Vコーン流量計の必要直管長を表4.1に示す。特に大口径配管では配管レイアウトの上で有用である。また、オリフィスに比べて差圧信号の安定性が高いので、低差圧領域まで測定に利用することができる。

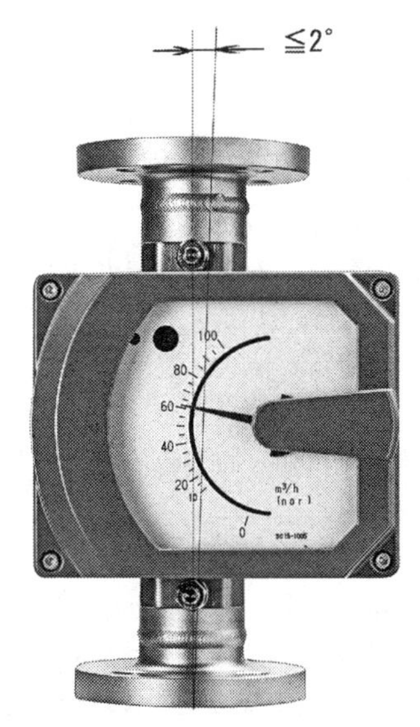

図4.5　面積流量計の設置：垂直度

図4.6　差圧式・Vコーン流量計

表4.1　Vコーン流量計の必要直管長
〔液体、Re≦200,000 の気体および蒸気〕

上流側条件	必要直管長	
	上流側	下流側
90°ベンド×1	0 D	0 D
90°ベンド×2	0 D	0 D
T 継手	0 D	0 D
流量調節弁	(非推奨)	1 D
収縮管	0 D	0 D
拡大管	2 D	1 D

D：流量計呼び径　　（絞り比＜0.70 の場合）

2）導圧管の詰まり防止とメンテナンス

差圧式では導圧管の詰まりによるトラブルが多々発生する。付着性や沈殿性のある流体への適用は避けるのが望ましい。また、一般の流体でも安定した測定維持のために導圧管周りのメンテナンスは不可欠である。

4.2.4 タービン流量計

1）メータラン*2の設置

タービン流量計の精度は上下流の配管状態によって大きく影響を受けるため、メータランの設置が必要不可欠である。配管方法については、JIS Z 8765「タービン流量計による流量測定方法」に規定されているので参照されたい。

*2 液体が流量計に流入・流出する状態を整えるために、必要な整流器および上流（流入側）と下流（流出側）の直管並びに流量計を含む配管部分をいう。

4.2.5 渦流量計

1）配管振動や音響ノイズを低減

流量に比例して発生するカルマン渦の数を検出する方式により、振動や音響ノイズの影響を受けやすいものがあるので、注意が必要である。

2）直管長の確保

渦流量計も上下流配管状態が測定精度に影響を及ぼす特性があるので、メーカの規定に従って直管部を確保する。なお、JIS Z 8766「渦流量計－流量測定方法」では渦発生体の形状・寸法などを規定した『標準渦流量計』が規格化されており、この場合の必要直管長が規定されているので参照されたい。

4.2.6 超音波流量計

1）気泡混入防止

超音波流量計は一般に他の流量計と比較して気泡混入による影響（指示不安定、測定不能）を受けやすいので、注意が必要である。

2）設置配管仕様の正確な把握と正しい取り付け

超音波センサを配管の外側から取り付けるクランプオン形では、設置配管の仕様（管外径、肉厚、材質、ライニングの有無、ライニングの材質・厚さ）を正確に把握しておく必要がある。配管仕様が違っていると正規のセンサ取り付け位置からずれて測定不能になる場合がある。また、センサの取り付けに起因するトラブルが発生しやすいので、取扱説明書に基づいた正しい設置が求められる。

3）直管長の確保

クランプオン形では、メーカの規定あるいは日本電機計測器工業会規格JEMIS 032「超音波流量計による流量測定方法」に規定された直管部長さに従って直管長を確保する。

超音波センサを測定管部に組み込んだインライン形（スプール形）は2対以上のセンサを有するマルチビーム形が主流である。(写真4.1）クランプオン形に比べて必要直管長は短いが、所定精度を得るためにはメーカの規定に従って直管部を確保する。

4.2.7 電磁流量計

1）導電率不均一状態の防止

電磁流量計特有の注意点である。薬液注入ライン等で充分に混合されない導電率分布が不均一の状態の液体では、指示が不安定となる。薬液注入は図4.7に示すように流量計の下流側で行うようにする。やむを得ない場合は上流プロセスで充分撹拌してから流量計を通す。

写真4.1 インライン（スプール）形　超音波流量計

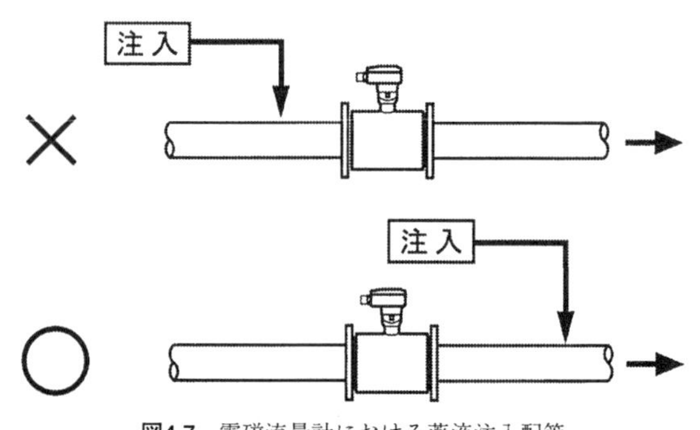

図4.7 電磁流量計における薬液注入配管

2）電気的および磁気的環境の確認

測定原理上、強磁界環境や電解槽周囲など流体中に電気的ノイズが混入する場合は正常に計測できない場合ある。このような環境に設置する場合はメーカに照会することを推奨する。

3）配管取り付け

電磁流量計は測定管にライニングを施してあるので、メーカ規定のボルト締め付けトルク値に従ってフランジ取り付けを行う。また、フッ素樹脂ライニングでは材質の特性上、定期的な増し締めが必要な場合があるので注意が必要である。

4.2.8 質量流量計（コリオリ式）

1）外部振動

一般にコリオリ質量流量計は外部振動除去機能を有しているが、機種によっては外部振動が測定に影響を与える。メーカ規定の方法に従って正しく設置を行う必要がある。

2）激しい脈動流や衝撃流の防止

センサチューブの振動に影響を与える場合がある。

3）取り付け姿勢

機種によっては取り付け姿勢に制限があるので、メーカの規定に従って正しく設置する必要がある。

4.2.9 質量流量計（熱式）

1）測定流体のクリーン度確認

熱式は一般にクリーンな気体が測定対象である。ダスト、ミスト等が混入すると測定誤差が大きくなり、放置すると測定不能になる場合がある。

2）直管長の確保

測定管内にセンサを挿入してあるタイプは流速分布の影響を受けるので、メーカが規定する直管部を設ける。

5. おわりに

代表的な工業用流量計に関して、一般および流量計種類毎の配管設置上の注意事項を中心に解説した。紙面の関係から総括的内容が多くなり、情報提供が不充分で分かりにくい部分もあったと思われるが、流体計測・制御に関して読者の一助になれば幸いである。なお、より詳細な流量計に関する実用書として次の図書を紹介するので、活用されることを推奨する。

「流量計の実用ナビ－初心者からエキスパートまで－(改訂版)」一般社団法人 日本計量機器工業連合会編

<参考文献>

(1)「流量計の実用ナビ（改訂版)」一般社団法人 日本計量機器工業連合会編（2012）
(2)「JMIF 013：流量計用語（改訂3版)」一般社団法人 日本計量機器工業連合会規格（2010）
(3)「JEMIS 032：超音波流量計による流量測定方法」一般社団法人 日本電機計測器工業会規格
(4)「流量計技術者養成セミナーテキスト」一般社団法人 日本計量機器工業連合会（2014）

【筆者紹介】

金子　和志
東京計装株式会社　営業本部
営業企画部　部長
〒105-8558　東京都港区芝公園1-7-24
TEL：03-3432-0659　FAX：03-3459-0798
E-mail：kazushi.kaneko@tokyokeiso.co.jp

特集①　流体の計測と制御

調節弁（コントロールバルブ）
まわりの配管レイアウト

＊紙透　辰男

1. はじめに

調節弁は弁の開閉動作を自動的に行うバルブで、バルブの内弁（絞り機構）形式にはグローブ、バタフライ、アングル、ボール、カムフレックス等の種類がある。又、内弁を動かすための駆動部（アクチュエータ）は動力源によって空気圧式、電動式、油圧式、自圧式等に大別される。

調節弁の用途は、流量の制御を行う／緊急遮断を行う／緊急解放を行うなどの用途があり、内弁と駆動部（アクチュエータ）の形式は用途により決まる。プラントの原料から製品を作り出すプロセス工程では、流体の流量・圧力・温度を的確に制御調整する事で成り立っている。それを可能にするのが調節弁であり、プラントの運転には欠く事のできない重要なバルブである。

調節弁を正常に機能させる為には、プロセス要求事項、及び操作／点検／補修に関する事項、また、防振衝撃対策などを考慮した上で、配管レイアウト（設置場所・配管形状・配管サポート）を行う必要がある。

本書では、これらを踏まえ調節弁まわり配管レイアウトの留意点を述べる。

2. 調節弁まわりの配管レイアウト基本事項

- P&IDの要求事項を満足すること
- 調節弁のメンテナンスを考慮すること（調整／取り外し／修理の為の運搬）
- バルブ駆動部（アクチュエータ）やポジショナーなどの付属品の点検操作ができること
- 高差圧調節弁や緊急遮断弁の、振動や開閉による衝撃を考慮した配管形状と配管サポートの選定がなされていること

3. 調節弁まわりの配管レイアウト

3.1 P&IDの要求事項を理解する

配管レイアウトの作成は、P&IDを正しく読み取り、その要求を理解する事が重要である。

調節弁の用途、計器番号、バルブの形式、サイズ、レイティング、材質などの情報を理解すると同時に調節弁の上流・下流のブロックバルブ、バイパスバルブ、ドレンバルブ、流量計器の情報についても理解しなければならない。

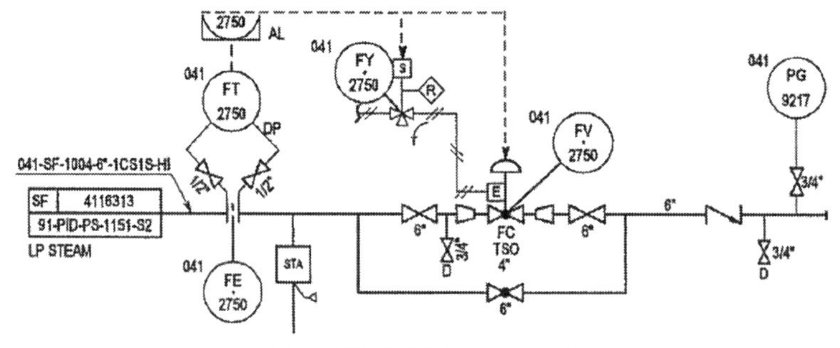

図3.1　調節弁まわりのP&IDの例

＊日揮㈱

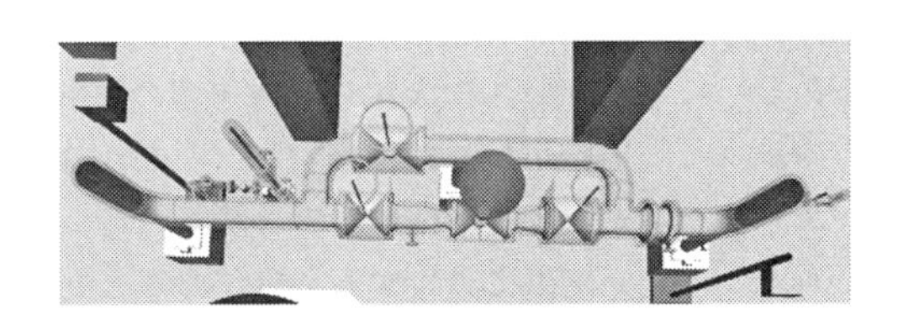

上から見た図

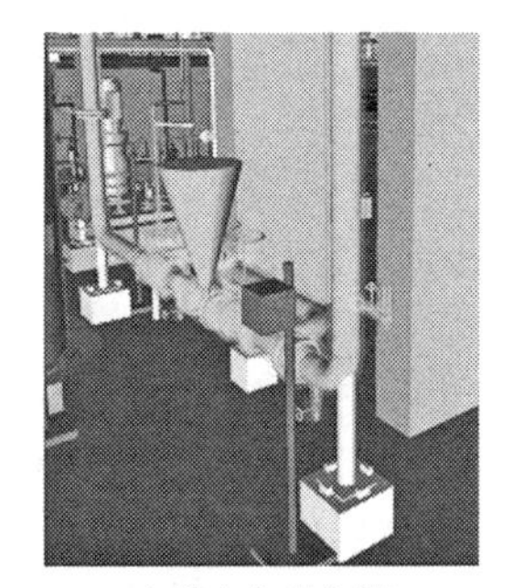

右横から見た図

図3.2　調節弁まわりの配管を示す3Dモデル

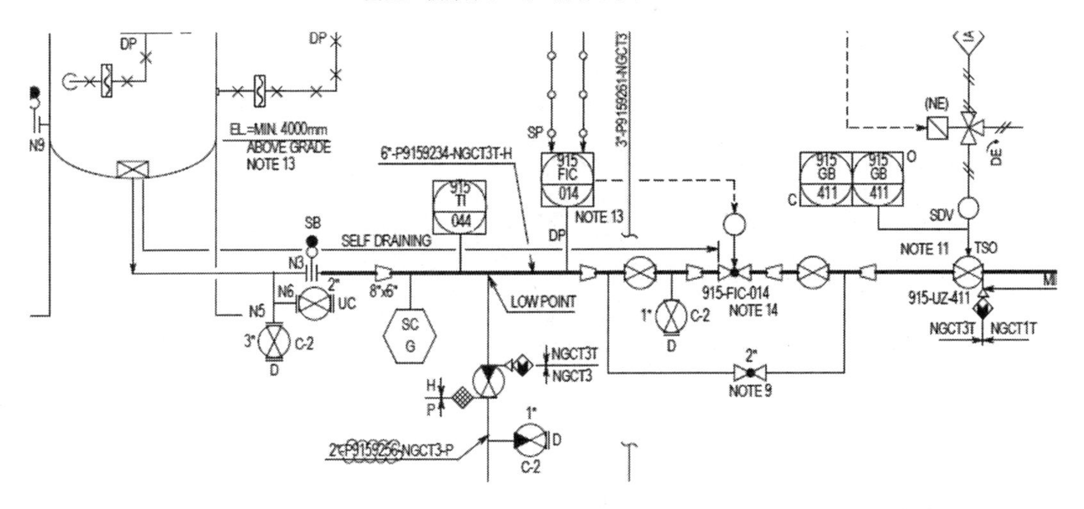

図3.3　気化を防ぐ為に調節弁設置場所（高さ）の要求を示したP&IDの例

P&IDに表示される調節弁まわりの配管系の例を図3.1に示す。

図3.1P&IDから以下の1)～9）項を読み取ることができる。図3.2は、図3.1P&IDの調節弁まわり配管レイアウト（3Dモデル）を示す。

1）FVの用途：流量をコントロールする調節弁である
2）調節弁のサイズは４インチで弁の形式はグローブ型である
3）FC表示はFailure Closeを示す（動力源が停止した時バルブは閉となる）
4）TSO表示はTight Shut Offを示す（完全に閉まる）
5）流体はラインナンバーの流体記号がLPなので低圧スチームである
6）調節弁上流と下流にブロック弁として６インチゲート弁がある
7）調節弁上流に3/4インチドレン用ゲート弁がある
8）バイパスバルブは６インチグローブ弁である
9）調節弁上流に流量計器FEとコンデンセート排出の為のスチームトラップSTAが設置される

3.2　P&IDの要求から調節弁設置位置を決定する

調節弁は流量調整による圧力変化が生じて、流体の物性変化が多々起こる。流体の物性変化は流量調節に支障を来たす原因となる。

例えば液流体の場合、圧力低下により気化（ガスが発生）し液との混合流体となる為、流量調節が困難となる事がある。また、流れの無いガス配管の緊急弁の上下流に外気温度の影響で温度が下がり凝縮液が発生滞留し、バルブ開時にウォーターハンマー（水撃作用）が発生して配管の損傷に繋がる恐れがある。これらの事象を防ぐ為に、P&IDには調節弁の設置場所についての要求が表示される事もある。その例を図3.3と図3.5に示す。また図3.4及び図3.6は、それぞれ図3.3図3.5のP&ID要求に従った配管レイアウト（3Dモデル）を示す。

a）図3.3のP&IDの要求事項の理解

調節弁915-FIC-014は、塔9C-91503のボトムからSELF DRAININGの要求がある為、塔ボトムよりも低い位置に設置する必要がある。更にNote.13で流量計915-FIC-014の高さは塔ボトムタンジェントラインよりも最小でも3000mm以上の低い位置に設置する必要がある。Note.14では調節弁は塔にできるだけ

図3.4　図3.3のP&IDの要求に従った3Dモデル

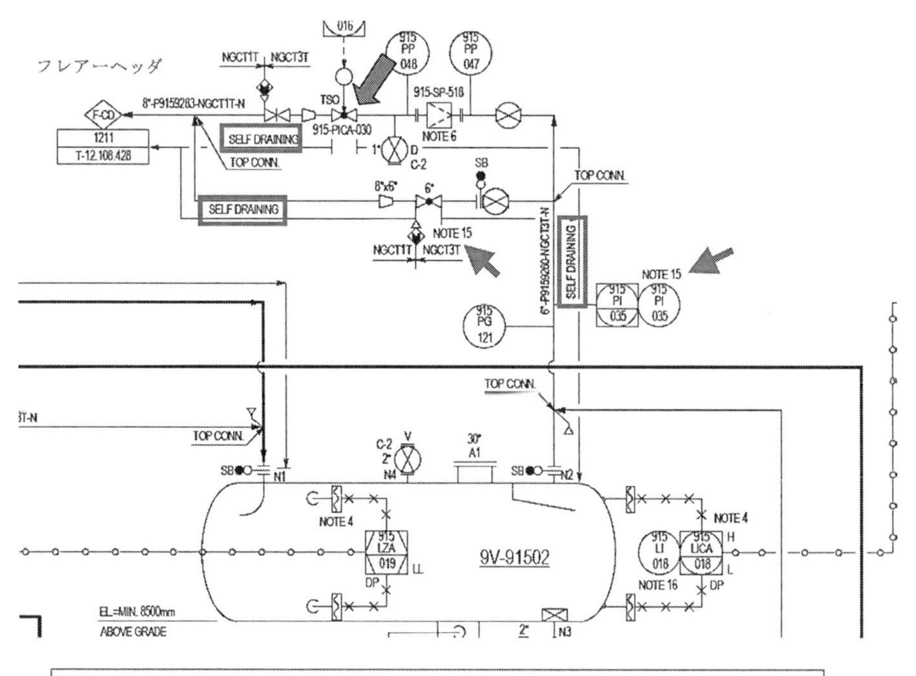

図3.5　ウォーターハンマーを防ぐ為に調節弁設置場所（高さ）の要求を示したP&IDの例

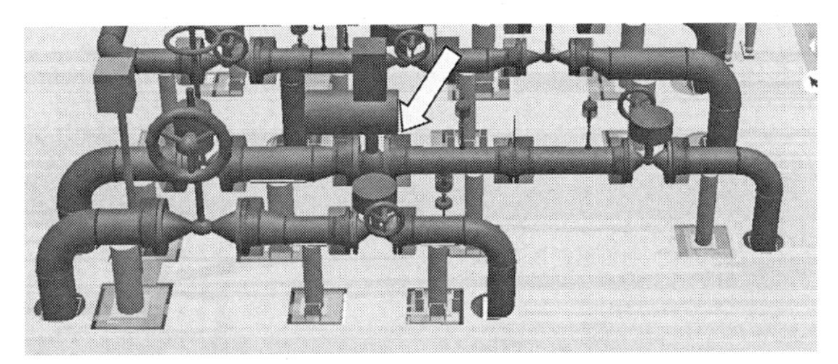

図3.6　図3.5のP&IDの要求に従った3Dモデル

近く、地上のできるだけ低い位置に設置する要求となっている。これは塔ボトムからのスタティックヘッド（液水頭）を確保する事で、液が気化する事を防ぐ為の要求である。

b）図3.5のP&IDの要求事項の理解

調節弁915-PICA-030とそのバイパスバルブは、上流側及び下流側共にSELF DRAININGの要求がある。その為調節弁は、上流側はドラム9V-91502よりも高く、下流側はフレアーヘッダー配管よりも高い位置に設置しなければならない。

この２つの要求を満足する高さに調節弁とバイパスバルブを設置する。これは調節弁及びバイパスバルブの上流／下流に液溜まりができないようにして、バルブ開時のウォーターハアンマーの発生を防ぐ為である。

更にNote.15の要求として、上流側に設置する圧力計915-PI-035は６インチのバイパスバルブから読める位置に設置されなければならない。これは調節弁が故障した場合、圧力の上昇を確認しながらマニュアルでバイパスバルブを操作する為である。

4. 調節弁の駆動部（アクチュエータ）について

バルブ開閉動作の駆動部の形式には、ダイアフラム、シリンダー、モーターなどの種類がある。通常は構造が簡単で故障が少ない、計装空気を用いるダイアフラム式やシリンダー式が多く使用される。その為、計装空気を供給する為の小径の鋼管あるいはチューブが、調節弁のアクチュエータに接続される。更にマニュアルで開閉する為のハンドルや、バルブ開閉の位置を示すポジショナーなどが設置されるので、調節弁や付属品への作業性や操作性を十分に理解して配管レイアウト作業を行う必要がある。

4.1　計装空気ドラム

プラントの安全運転に関わる緊急用調節弁では、アクチュエータへの計装空気の供給が止まった場合でも、調節弁がしばらくの間（通常２往復）作動するように、計装空気を溜めておくドラム（Secured Air Supply Vessel）を伴う事がある。ドラムの設置場所や関連する計装空気配管のスペースをも考慮して配管レイアウトを行う必要がある。

図4.1にドラムまわりのP&ID例、図4.2に実例写真、図4.3に3Dモデルの例を示す。

4.2　アクチュエータ・ポジショナーの操作／点検について

アクチュエータやポジショナーの詳細位置は調節弁のベンダー図面に示される。図4.4のように高所に操作／点検個所がある場合は、操作点検用のステップまたは操作架台が必要となる。配管レイアウト作成過程では、それらのステップや操作架台のインフォメーション（設置位置・高さ・外形寸法を示す）も並行して作成し詳細設計部門へ提出する。ステップや架台の設置スペース通行スペースを確保したレイアウトが必要となる。

4.3　アクチュエータの形状と寸法

調節弁のサイズ・面間寸法・レイティング・接続フランジ形式等の情報は重要であるが、それに加えて、アクチュエータの寸法や形状も4.2項で述べた通り、配管レイアウトに関係する重要な要素である。特にシリンダー（Cylinder）式調節弁はアクチュエータが非常に大きく、隣接するバルブや計器類の位置まで張り出す為、干渉やメンテナンス作業の障害となる事があるので注意が必要である。図4.5にその例を示す。

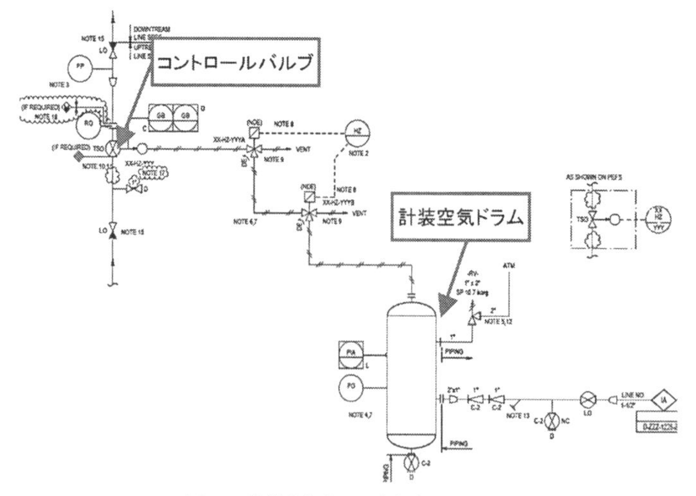

図4.1　計装空気ドラムまわりP&IDの例

図4.2　計装空気ドラムまわり配管例

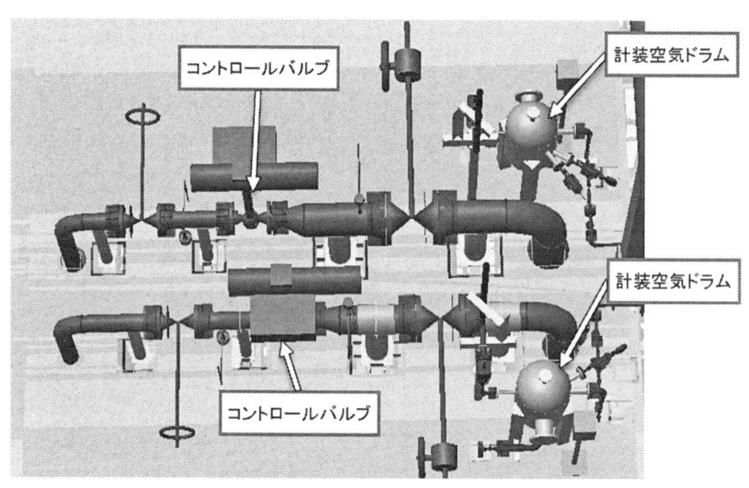

図4.3　計装空気ドラムまわり3Dモデルの例

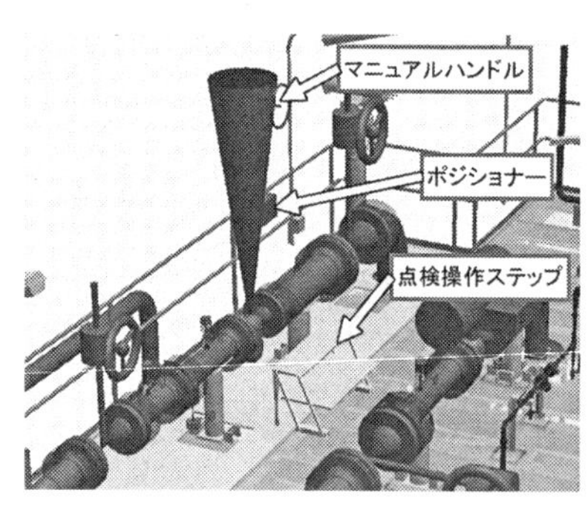

図4.4　アクチュエータ操作用架台の3Dモデル例

また、アクチュエータやハンドルが配管と直角方向へ張り出す場合もある（図4.6）。

何れの場合も通行の障害となるので張出し寸法を確認し配管レイアウトに反映する。スペースに制限がある場合は、張り出しの方向を回転させる事も可能なのでベンダーに連絡し修正する。アクチュエー

図4.5　大型シリンダー式アクチュエータの例

図4.6　配管と直角方向に張り出すアクチュエータの例

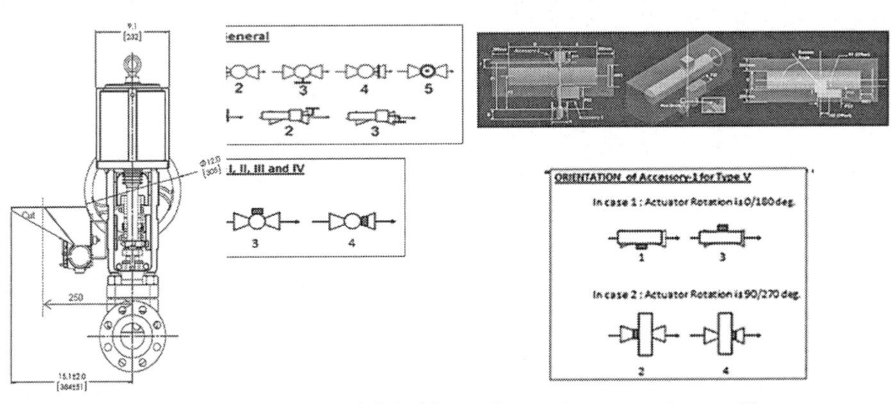

図4.7　アクチュエータの方向を示すベンダーへのインフォメーションの例

タの方向や大きさによっては、調節弁接続フランジ部に過大なモーメント荷重が発生するケースもあるので、その場合はアクチュエータを支持するサポートが必要となることもある。

4.4　調節弁ベンダーへのインフォメーション

上記4.2項、4.3項で述べたように、バルブ取り付け方向（流れ方向確認）とアクチュエータ（ハンドルポジショナー位置確認）の取り付け方向（回転角度）を、計装設計担当を経由してベンダーに連絡する。ベンダー図面を参照すると変更可能な方向や角度が示されている。図4.7にアクチュエータの方向を表すインフォメーションの例を示す。

5. 調節弁のメンテナンス

プラントの運転は、ほぼ全てが自動化されていて、その主要な役割を調節弁が担っている。即ち、調節弁の不具合は即プラントの運転停止（シャットダウン）に繋がる恐れがある。その為メンテナンスを速やかに行えることが必須条件となる。メンテナンスは、①バルブを取り外し、点検／補修の為に修理工場へ運び出す②補修工場ではバルブ本体とアクチュエータの点検／補修を行い、双方を組み立てた状態で正常な作動を確認する③元の配管に設置する。

このことから調節弁（アクチュエータも含む）を移動するスペースの確保が必要となる。取り外しや移動は、通常はクレーンやフォークリフトなどの建設機械を使用するが、鉄骨構造物（ストラクチャー）の中や下に調節弁が設置されて建設機械が使用できない場合は、図5.1及び図5.2のようなメンテナ

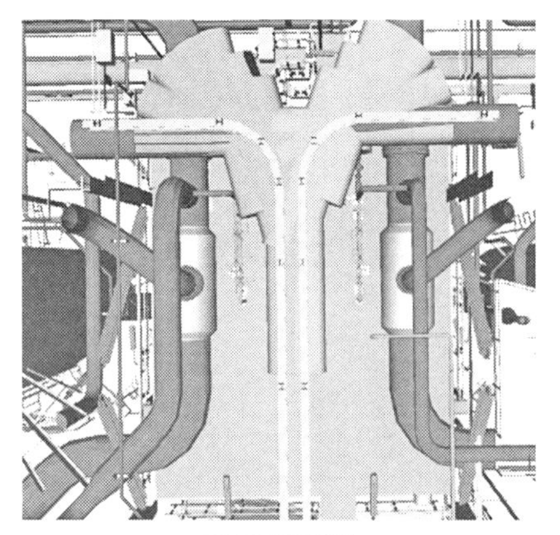

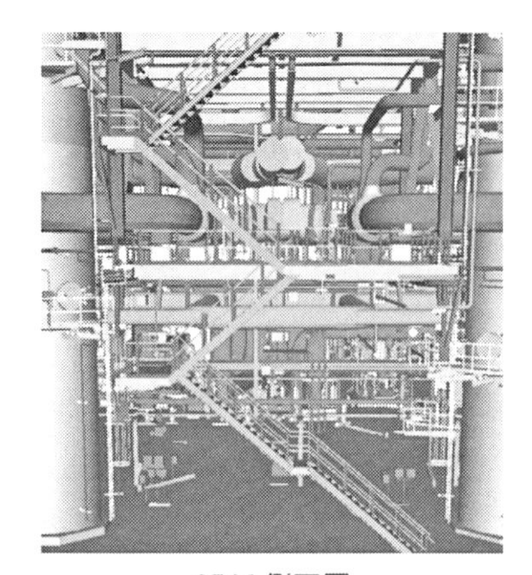

図5.1　メンテナンス用トロリービーム設置の例

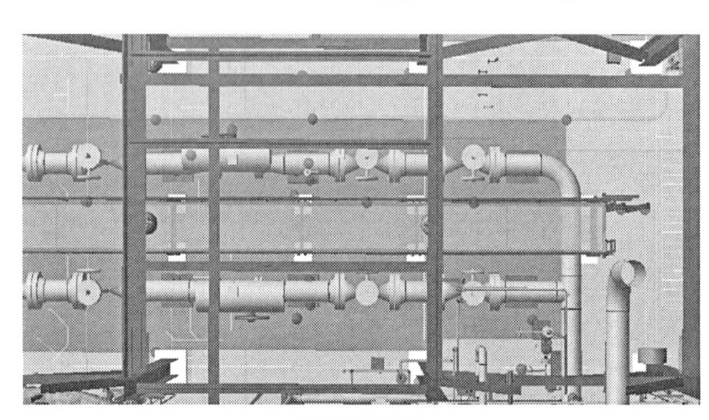

5.2　メンテナンス用トロリービームの例

ンス用設備が必要となる。これは配管レイアウト作業と並行して検討すべき重要な事項で、その設備の設計情報はインフォメーションとして鉄骨設計部門へ連絡される。

図5.1は、鉄骨架台の中に設置された大口径調節弁のメンテナンス（運び出し）スペースについて3Dモデル上で検討確認した例である。

図5.2は、鉄骨架台下地上部に設置した調節弁を、運び出す為のトロリービーム設置計画の例である。

6. 配管アレンジメントと配管サポートの選定（振動及び熱応力を考慮）

6.1　配管アレンジメント

調節弁まわりの配管アレンジメントは、３項で述べた通りP&IDの要求とブロックバルブ、バイパスバルブの操作性を考慮して決定する。ブロック／バイパスバルブ付の調節弁まわりの形状は、調節弁への接続配管が、どの方向から来るかにより次の４種類が考えられる。

a）配管が上から来て上へ行く場合（図6.1）

ブロックバルブを垂直に設置する事で横に広がらない寸法となる。バイパスバルブの設置高さは、コントロールバルブのアクチュエータ高さにより高くなる場合がある。またメンテナンス時のバルブ吊上げ作業の障害となる場合がある。そのような場合は、エルボを用いてバイパスバルブの配管をコントロールバルブの真上に来るのを避ける。（図6.6）

b）配管が上から来て下へ行くまたは、下から来て上へ行く場合（図6.2）

上記a)項とほぼ同じ注意が必要となる。

c）配管が下から来て下へ行く場合（両側にフリードレンの要求）（図6.3、図6.4）

架台上に設置する場合でバイパスバルブ配管を架台上で接続する場合（図6.3）と、架台の下で接続

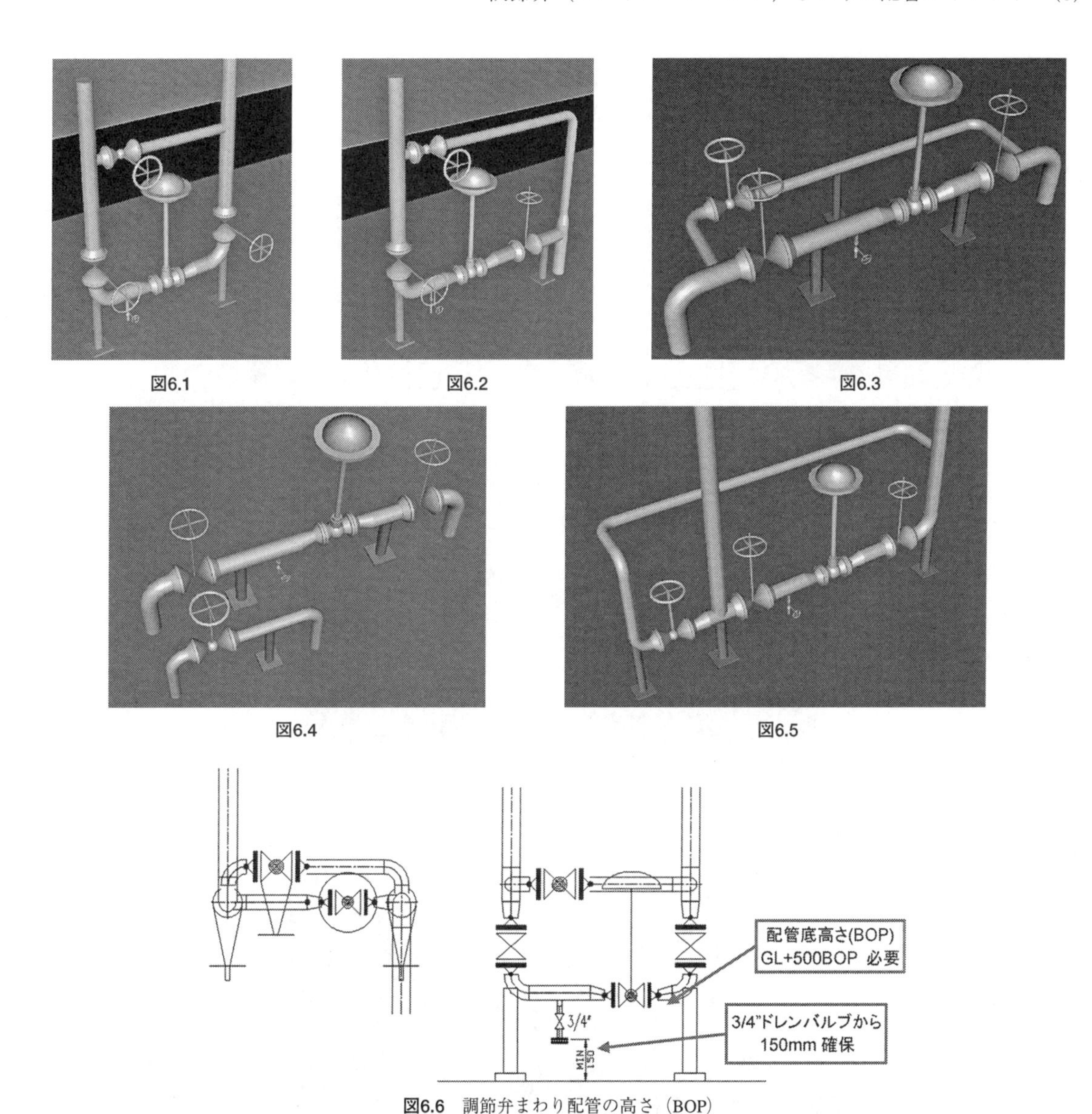

図6.1　図6.2　図6.3

図6.4　図6.5

図6.6　調節弁まわり配管の高さ（BOP）

しバルブを両側から操作できる通路を確保する場合（図6.4）がある。

d）低温サービスでバルブステムを垂直にする必要がある場合（図6.5）

バルブボンネット部に気相空間を作り、外気温の入熱により凍結を防いで、バルブハンドル操作に支障が出ないよう垂直に取り付ける必要がある。

6.2　調節弁まわりのドレン／ベントバルブ

メンテナンス時に、ブロックバルブとコントロールバルブ間に残った残圧（液／ガス）を抜き、安全に調節弁を取り外せるように、ドレン又はベントバルブの設置がP&IDに表示される。この時3.1項3)で述べたように、調節弁がFC：Failure Closeの場合はバルブは閉状態である為、調節弁の両側に残圧があるので、両側にドレンバルブが必要となる。FO：Failure Openの場合は、開状態なので一般的には、上流側だけにドレンバルブが設置される。また、このドレンバルブから液を抜く場合、オイルパンやホースをドレンバルブ出口側に設置する為、その必要高さは最小でも150mm必要とされる。従って、調節弁まわりの配管ボトム（BOP）高さは地上又は架台床面から通常500mm BOP（Bottom of Pipe）となる

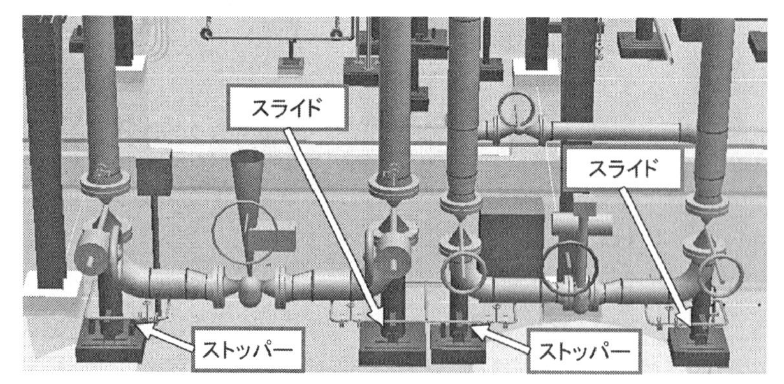

図6.7　荷重を考慮

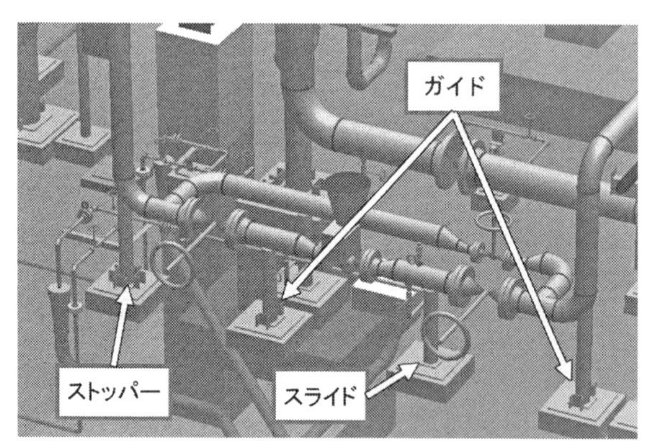

図6.8　ストッパーガイド使用

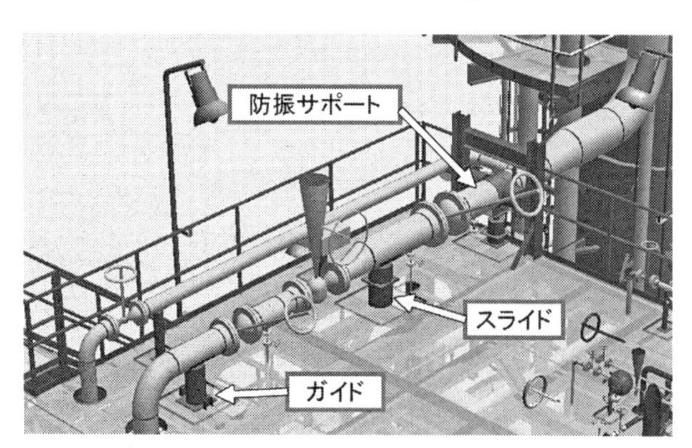

図6.9　振動防止

(図6.6)。但し、プロセス上の要求によりドレンバルブサイズが大きくなる場合（1-1/2インチ又は2インチなど）は、液抜きに必要な寸法を確認する。

6.3　調節弁まわりの配管サポート

調節弁まわりの配管サポート選定上の注意事項を以下に述べる。

a）調節弁まわりの配管は、ブロック／バイパスバルブとバルブが集中するので、荷重は大きくなる。特に、大口径管や高圧配管の場合は、バルブ重量だけでなく、接続フランジとボルト、ナットの重量も考慮する必要がある。調節弁まわりの配管サポートは、固定型とスライド型を組み合わせて使用する（図6.7)。

b）調節弁はメンテナンス時に取り外されるの

図7.1　プラントに使用される多くの調節弁群

で、外された後の状態でも配管が正常に支持されなければならない（図6.8、図6.9）。またガスケットにオクタゴナルリングガスケットが使用される場合は、ガスケットのすり合わせ作業や、取り外し作業が容易にできるように、短管を設けるなどの検討が必要である。

c）操作、点検、メンテナンスの為、調節弁まわりは運転中の熱伸縮による移動量が最小となるように考慮する。また、特に高差圧弁の圧力変化による衝撃荷重や２相流の流体での振動荷重を考慮して、ガイドやストッパー等の拘束サポートの組み合わせを検討する（図6.9）。

7. 終わりに

プラントの生産性や安全性を維持する為には、安定した連続運転が不可欠であり、その役割の大きな部分を調節弁が担っている。その為には本文で述べた通り、調節弁のプロセス上の要求、用途や操作性、点検、メンテナンス性を理解した上で、配管レイアウトが行われなければならない。

プラントの運転に欠かせない調節弁まわりの配管アレンジメントは、レイアウトを作成する配管設計部門だけではなく、プロセス設計・計装設計・メカニカルハンドリング・建設、運転担当など、プラントの設計、建設、運転に係わる全ての担当部門が協力して、それぞれの視点での検証が行われるべきである。

【筆者紹介】
紙透　辰男
日揮株式会社
デザインエンジニアリング本部　チーフエンジニア
〒220-6001
横浜市西区みなとみらい2-3-1

特集② 配管技術最新の動向

ループ半減工法

＊鈴木 則一

1. はじめに

本工法は、配管の伸縮吸収構造の設計と施工方法に関する技術で、配管の熱伸縮に対する安全性を確保しつつ、経済性を向上させた配管構造とすることができるものである。

本稿では工法の概要と工事実績を紹介する。

2. 開発理由

例えば、橋梁添架配管等においては温度変化によって配管の固定間には熱伸縮変位が作用するため、固定間の間に曲がり管などによりU字管（U字管部を称して「伸縮吸収ループ」と呼ぶ）等を形成して可とう性を持たせ、温度変化による熱伸縮変位を吸収する。

従来工法の設計では、伸縮吸収ループの熱伸縮吸収量は施工時の配管温度を限定できないため図１のごとく、配管の設計温度変化幅の最高温度と最低温度の差に基づき、設計温度変化幅の最高温度で配管を施工した後に最低温度に達した場合と、最低温度で配管を施工した後に最高温度に達した場合を考慮した熱伸縮吸収量としている。

そのため、設計温度変化幅の最低温度で施工した場合には、熱伸縮吸収構造の機能のうち、温度上昇による配管の伸び出し変位を吸収する機能のみを使用することとなり、温度下降による配管の収縮変位を吸収する機能は使用されない。また最高温度で施工した場合はその逆で、温度下降による配管の収縮変位を吸収する機能のみを使用し、温度上昇による配管の伸び出し変位を吸収する機能は使用されず、不経済な構造であるとも考えられる。

＊JFEエンジニアリング㈱

3. 工法概要

本工法は、図２のごとく設計温度変化幅の中央値での施工を再現するもので、固定間における設計温度変化幅の中央値と施工時の配管温度との温度差分の熱伸縮量を図３のごとく配管施工完成時に任意の変位量として伸縮吸収ループに強制変位として付与（プリセット）することで、中央値での施工を再現するものである。

これにより、伸縮吸収ループの要求性能は中間値

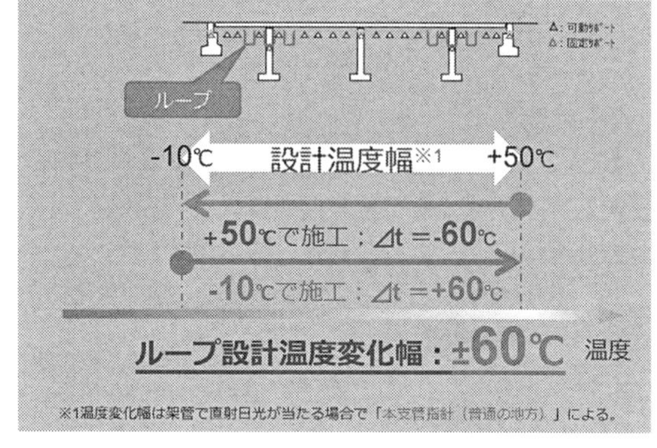

図１ 従来工法でのループ設計温度変化幅

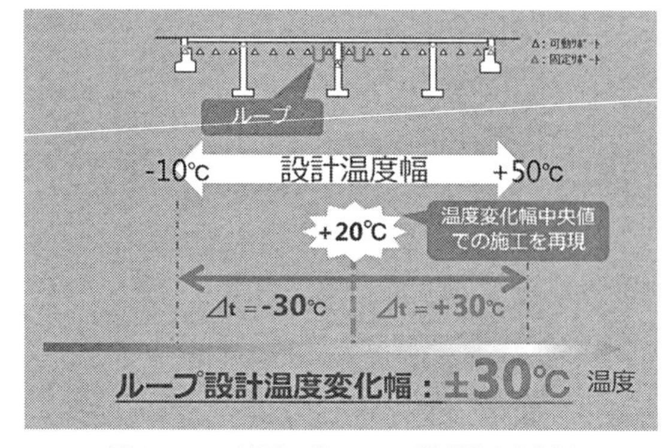

図２ ループ半減工法のループ設計温度変化幅

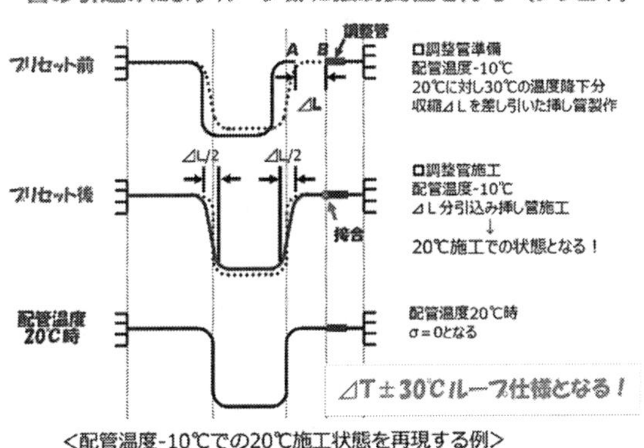

図3　プリセット方法

から最高温度に達した場合と、中間値から最低温度に達した場合を考慮した上下均等の伸縮吸収量となり、伸縮吸収ループの伸縮吸収性能を無駄なく利用し、従来工法での伸縮吸収ループを半減することができる。

4. 工事実績

(1) 工事概要

表1　工事概要

施　　主	東京ガス株式会社殿
件　　名	朝倉南ライン 横手大橋MAKP300A添架工事
場　　所	自前橋市横手町448番地 至高崎市宿横手358番地
橋　　梁	群馬県道13号前橋・長瀞線 横手大橋（コンクリート製）
工　　期	平成25年12月1日～平成26年5月30日 ※うち添架配管工事は1.5ヶ月間（足場工除く）
配　　管	口径：300A（直管SGP、エルボPT410Sch40） 添架延長：296m
サポート	可動サポート：48基 固定サポート：2基（橋台貫通部）

(2) 工事内容

① 設計

1) 設計方針

配管構造設計に際し考慮する荷重のうち、温度変化の影響については、ループ半減工法採用により従来設計に対し、熱伸縮吸収量を半減する。

2) 設計温度と中央値

要求される温度変化範囲

最低温度　TL＝－10℃、最高温度　TH＝50℃

TLとTHの中央値＝20℃

3) ループ半減工法での温度変化幅

温度変化幅の中央値＝20℃での施工を再現するので温度変化幅は20℃から－10℃までをマイナス側の温度変化幅ΔT＝－30℃、20℃から50℃までをプラス側の温度変化幅ΔT＝30℃となる。

<u>ループ半減工法での温度変化幅ΔT＝±30℃</u>

4) 配管構造

温度変化の影響に対する配管構造は温度変化幅

ΔT＝±30℃を満足する熱伸縮量伸縮吸収ループおよびサポート拘束条件とした。

5) 伸縮吸収ループへの強制変位付与（プリセット）準備

プリセット量：ΔL（mm）は中央値＝20℃と管体温度との温度差分の線膨張係数$\alpha=1.2\times10^{-5}$/℃による伸縮量とした。

<プリセット量算定式>

ΔL＝α×(20－管体温度平均値)×固定間長さ

ΔL＞0時は管を引き込み（ループ配管を伸すプリセット）

ΔL＜0時は管を押し込み（ループ配管を縮めるプリセット）

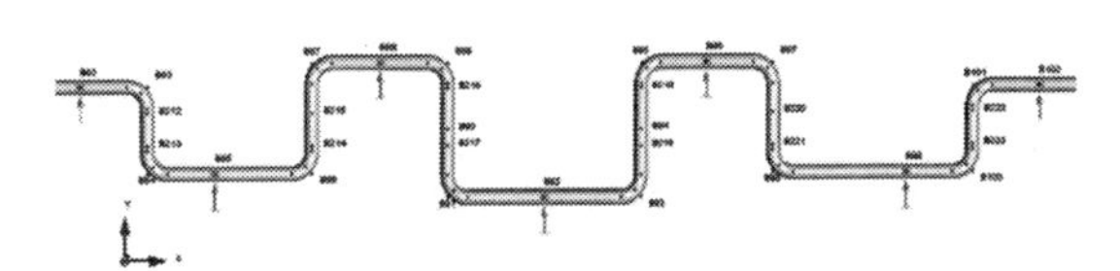

図4　ループ配管部解析モデル

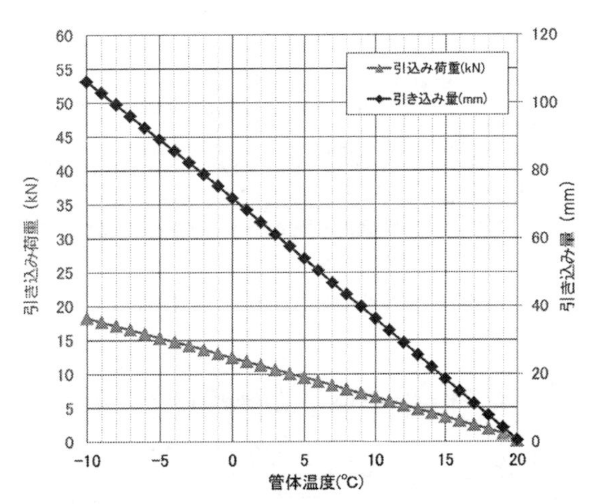

図5　現場用プリセット量早見表

＜施工時に用いるプリセット量＞

実施工では配管形状を考慮したプリセット量とし、配管系解析プログラムを用いて算定した。また、施工管理として「図５現場用プリセット量早見表」を作成。

② 施工ステップ

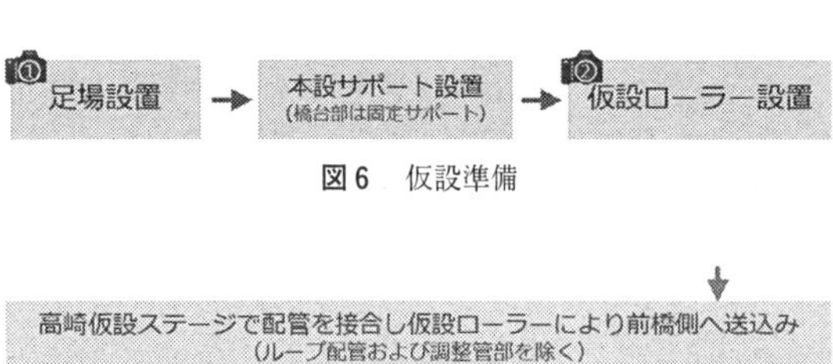

図６　仮設準備

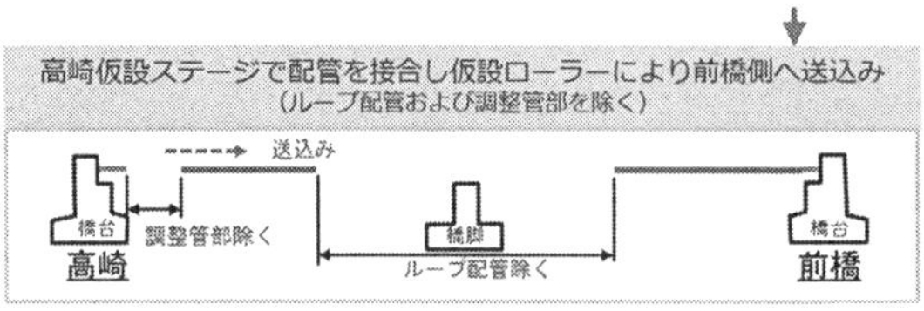

図７　配管送込み

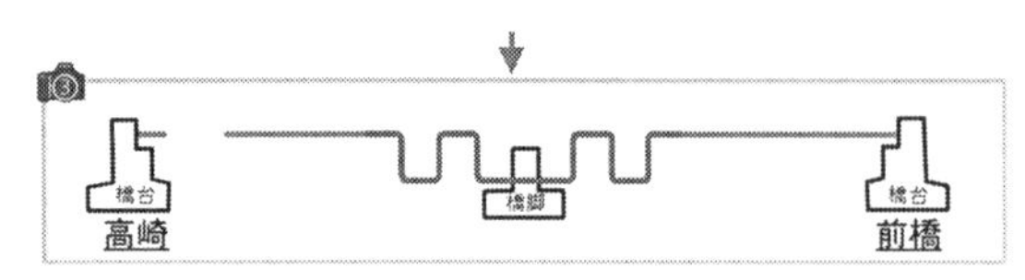

図８　ループ配管設置

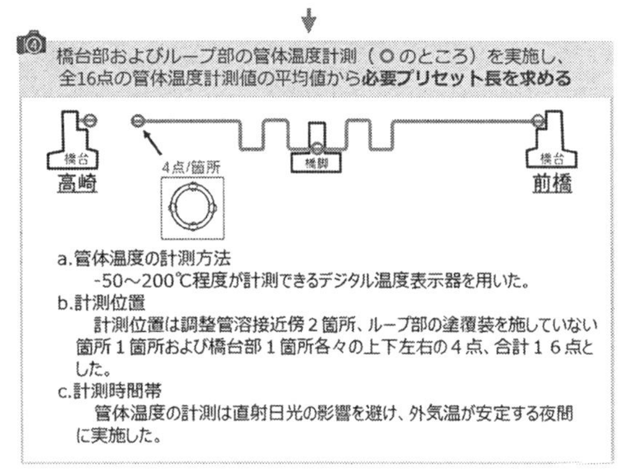

図９　管体温度計測・プリセット量算定

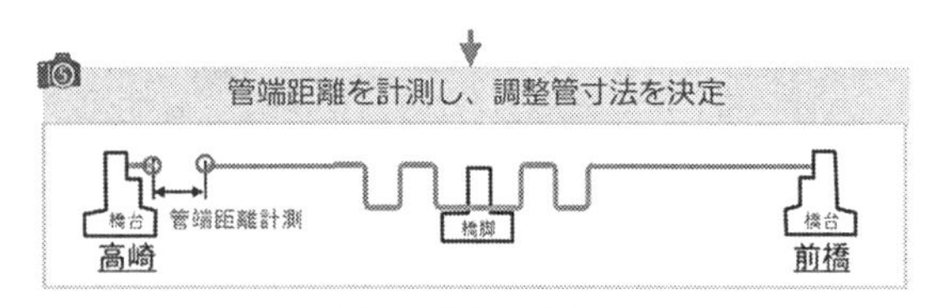

図10　管端距離計測

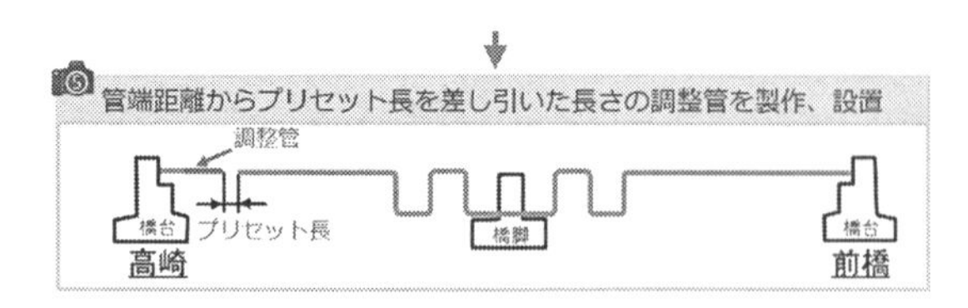

図11　調整管設置

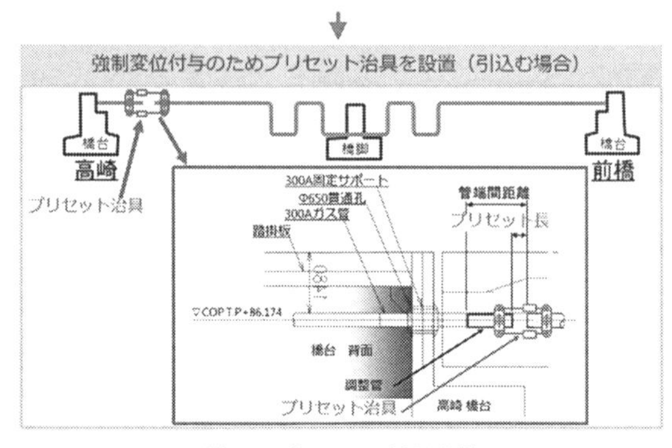

図12　プリセット治具設置

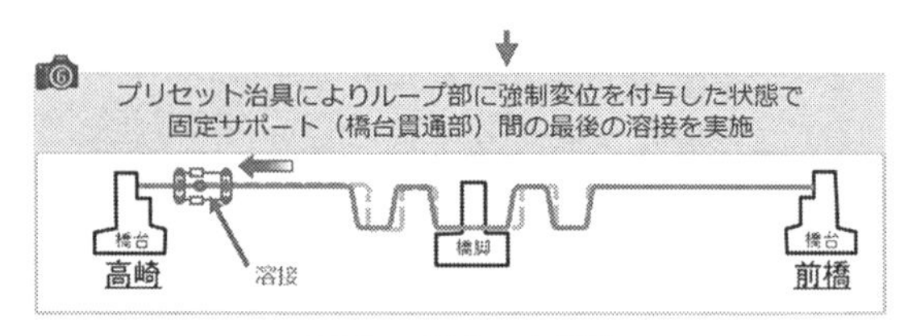

図13　プリセット溶接

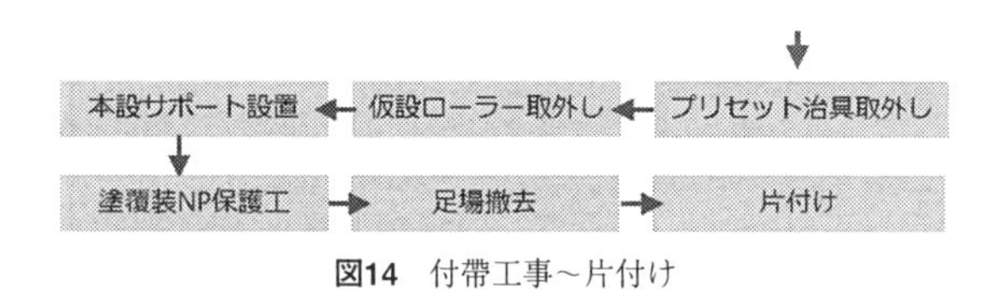

図14　付帯工事～片付け

③ 施工状況

写真１　足場設置

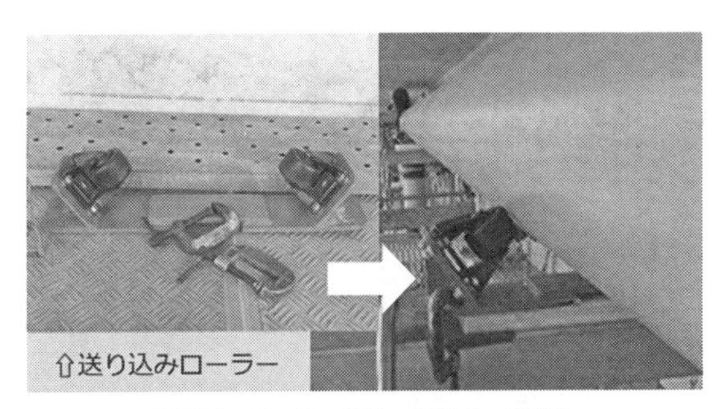

写真 2　ローラー設置⇒管接合⇒送込み

写真 3　ループ設置

写真 4　管体温度計測

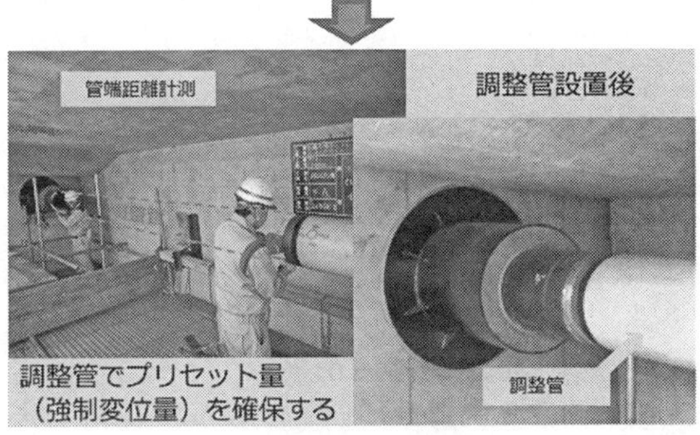

写真 5　調整管設置

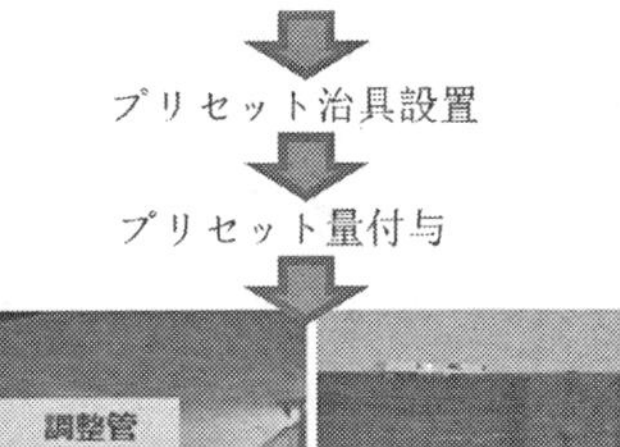

写真 6　プリセット溶接

写真 7　完成外観

5. 効果

本工法を採用することで、伸縮吸収ループ部の材料・溶接リング数低減に伴うコストダウン、地震時慣性力の低減、工程の短縮化、維持管理・品質向上など、多くのメリットが考えられる。

今後、ガス会社殿をはじめ、多くのお客様にご採用頂きながら、いっそうの改良・改善に努めていく所存である。

<参考文献>

(1) 日本ガス協会：本支管指針（設計編）JGA指-201-11
(2) 特許第5599931号伸縮吸収構造および配管ならびに配管の施工法発明者：関武史、小嶋賢一、鈴木則一

【筆者紹介】

鈴木　則一
JFEエンジニアリング株式会社
パイプライン事業部　ガス導管技術部
〒230-8611　横浜市鶴見区末広町２丁目１番地
TEL：045-505-7216　FAX：045-505-7620
E-mail：suzuki-norikazu@jfe-eng.co.jp

特集② 配管技術最新の動向

「フランジバルブの耐震補強工法」ROVO工法

＊畠中　省三

はじめに

日本付近にはユーラシアプレートおよび北米プレート、太平洋プレート、フィリピン海プレートの4つものプレートが存在している。そのため地震が起こる可能性が高く、全世界で発生する地震のうち、マグニチュード6.0以上の20％が日本周辺で発生している。重要なライフラインであるガス導管は、地震により信頼性や安全性に深刻な影響を受ける可能性がある[1)]。そのため、「高圧ガス導管耐震設計指針」[2)]、「中低圧ガス導管耐震設計指針」[3)]等が定められ多くの対策が採られている。近年は、円周裏波溶接鋼管やポリエチレン管も採用されていることから耐震性が大きく向上している。

一方、指針が発行される以前に導入されたフランジバルブは、現在採用されている溶接バルブのように溶接継手ではなく、フランジを介したメカニカルな継手になっている。そのため、地震動によりパイプラインに引張荷重がかかるとバルブ部においてフランジ継手やバルブ本体が破損し、連続的な漏洩が起きる可能性がある。

そこでJFEエンジニアリングは、FCバルブの耐震補強工法（ROVO工法：特許3773835号）を開発し多く導入してきた。本工法の適用によりフランジバルブに地震時の外力がかかってもバルブは破壊せず、地震後、ガス漏洩は発生しなくなる。補強施工は、分割された金物を組み付け油圧工具で締め付けて行う。また道路を掘削せず、ピット内でガスを止めることなく実施できる。本工法は入取替えに比べ安価な耐震補強工法であり、ガス遮断ができず入れ取替えの対応が困難なバルブへも施工が可能である。

＊JFEエンジニアリング㈱

フランジバルブの代表的な耐震補強工法であるROVO工法を紹介する。

1. 対象となるバルブ

バルブは製造・導入時期により、古いものから①FCバルブ ②FCDバルブ ③溶接バルブがある。

FCバルブは、材質がねずみ鋳鉄であり、片状黒鉛組織を有し、大きな外力により脆性破壊を起こす。そのため、地震による外力を受けた場合、バルブ本体のフランジに割れを生じ漏洩に結びつくため耐震補強を必要とする。またFCDバルブは、材質がダクタイル鋳鉄でありバルブ本体の強度は高いものの、管継手側のフランジや接続ボルトが外力により変形し漏洩につながるため、同様に補強の必要がある。

現在導入されている溶接バルブの材質は鋳鋼であり、さらにメカニカルなフランジ継手ではない溶接継手構造である。そのため、バルブ本体、継手のいずれも充分な強度があるため、補強の必要は無い。

ガス導管における本工法の対象となるバルブを以下に示す。

圧力：中圧A・中圧B
バルブ種類：FCフランジバルブ、FCDフランジバルブ
(鋳鉄製フランジプラグバルブおよびボールバルブ)
口径：80A～450A

2. 地震時のバルブへの影響

埋設されたガス導管に地震動がかかると図1に示すように三次元的に様々な方向である引張荷重や圧縮荷重、曲げ荷重を受ける。バルブ部分において引張荷重は、フランジ変形やバルブ破損、フランジ接

図1　地震時のバルブへの影響荷重

続ボルトの伸び等が起こるリスクがある。圧縮荷重は、フランジに挟むパッキン材の変形や損傷の可能性がある。しかしフランジバルブに多く使われていた通常のシートパッキンにおいては充分な強度があるため、圧縮の影響は引張りに比べ非常に小さい。また、曲げ荷重はライン線形の影響を大きく受けるものの、パイプライン上のバルブにかかる荷重は過去の解析等から小さいと見なすことができる。

したがって一般的にバルブの耐震性を向上させるには引張荷重に対する補強を優先的に検討すればよい。

地震動により地盤の変位でパイプラインに引張荷重が働いた際、バルブの部分における変位と荷重の関係を図2に示す。パイプラインが引張荷重を受けるとバルブ部分においては、強度の最も低いフランジ締結部分が大きく影響を受ける。パイプラインに引張荷重がかかり、変位が徐々に大きくなると管フランジとバルブフランジ間にすき間ができ、やがて漏洩が発生するようになる。その時の最小荷重を初期漏洩荷重と称している。初期漏洩荷重を超えても変位が小さい間は、荷重を受けている時に漏洩を生じるものの、荷重が無くなるとすき間が閉じ漏洩は停止する。鋼の応力―歪曲線の弾性域と同様に荷重

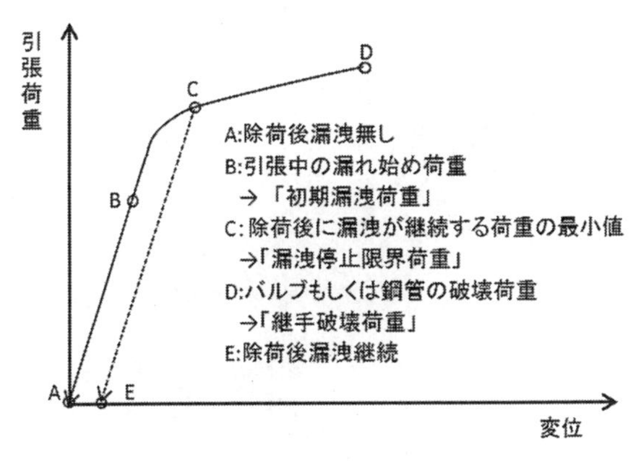

図2　バルブ部分における変位と荷重の関係

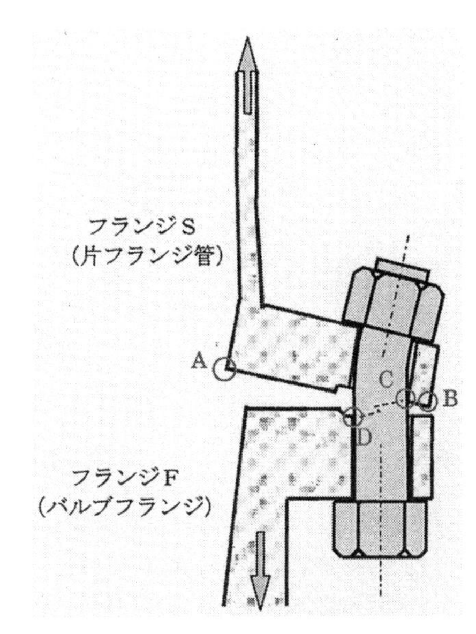

図3　引張り荷重を受けた際のフランジ継手部分の挙動

がなくなると変位がゼロに戻る。この弾性域の最大荷重を漏洩停止限界荷重と称している。さらに変位が大きくなり漏洩停止限界荷重を超えるとフランジやボルトに変形を生じ、荷重が無くなっても漏洩が継続的に生じるようになる。この荷重域を塑性変形域と称している。引き続き変位が大きくなると最終的にはバルブフランジの破壊や管フランジのボルトの破断に至る。その時の荷重を継手破壊荷重と称している。

3. ROVO工法の補強の考え方

地震動によるパイプラインへの引張荷重に対し、フランジ締結部分を漏洩停止限界荷重以下にし塑性域に入らないようにして変形や破壊を防止することが重要である。即ち、フランジ締結部分においてフランジの変形を抑止することが必要となる。またパイプラインが引張荷重を受けた際、その荷重がバルブ本体にかかることを避けることも重要である。そこで図4に示すように、漏洩の原因となる管フランジの変形を防ぐためフランジのネック部を適確に抑える構造になるように補強金物を設計している。

フランジネック部に接するように周状に凸部を設けた補強フランジと称する金物部品で管側のフランジを押さえて、地震時の外力によるフランジ面の動きを抑止してある。

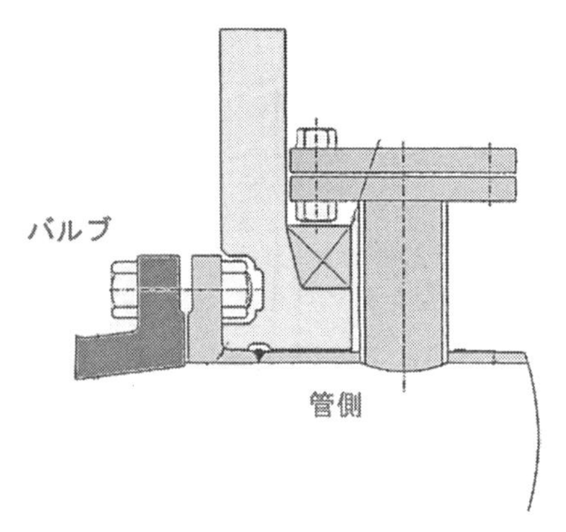

図4　フランジのネック部を適確に押える構造

写真2　油圧ナットの締め付け状況

バルブが設置されているピットは狭隘であるため、ピット内で組みつけられるように補強フランジは、いくつかに分割されている。その補強フランジをバルブの大きさや形状に合わせて十分な剛性を持たせるため、外面補強板や内面補強板を組み付けている。補強フランジを連結ボルトでバルブを挟み込むようにつなぎ均一に締め付け、パイプラインに引張荷重を受けた際、そのほとんどの荷重は連結ボルトにかかり、バルブ本体には荷重が影響しない構造となっている。

また漏洩を防止するにはパッキンの挟まっているフランジ面間圧力を均一にすることが極めて重要である。通常のフランジ接合においてはボルト・ナットの締め付けトルクおよび締め付け手順を明確に規定して面間圧力に偏りが無いようにしている。

ROVO工法では写真2に示すように油圧ナットを並列に配置し同圧力、同時に締め付け、均等で正確にボルトの軸力管理ができる小型の油圧工具を用いている（特許3883850号）。

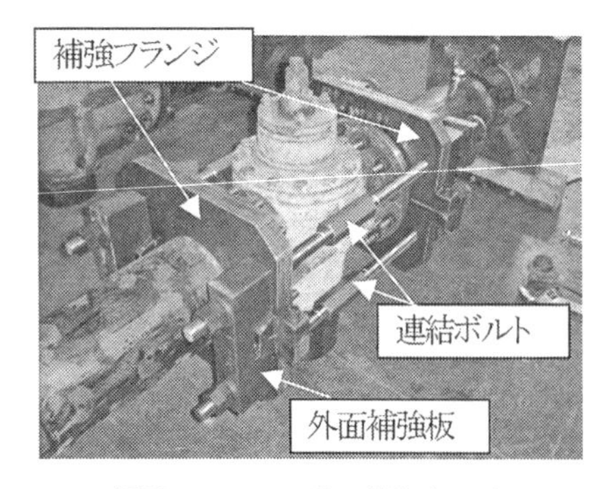

写真1　ROVO工法の構造（200A）

4. 補強金物の例と組み付けフロー

狭所ピットバルブ向けの補強金物を例として、取り付けフローを以下に示す。

① 管体・管フランジの清掃・研磨

補強金物の接触する部分の錆や塗覆装を除去。

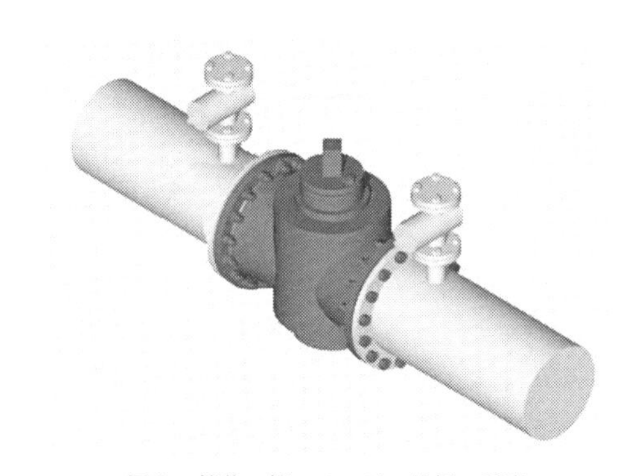

図5　管体・管フランジの清掃・研磨

② 補強フランジ取り付け

管フランジ背面を押える補強フランジを取り付け、クランプで固定。

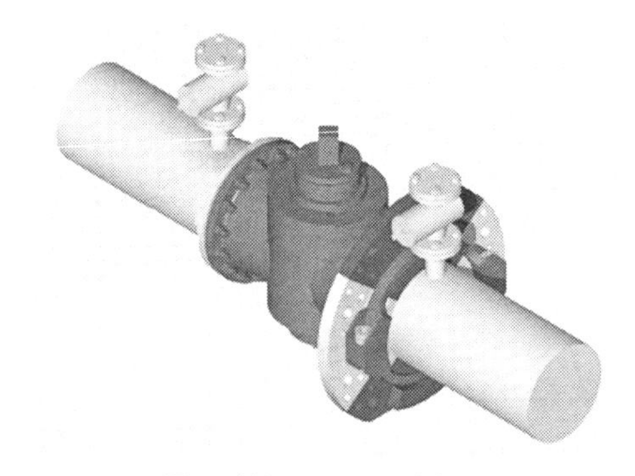

図6　補強フランジ取り付け

③ 内面補強板取り付け

補強フランジの剛性を保持するため内面補強板を取り付け。

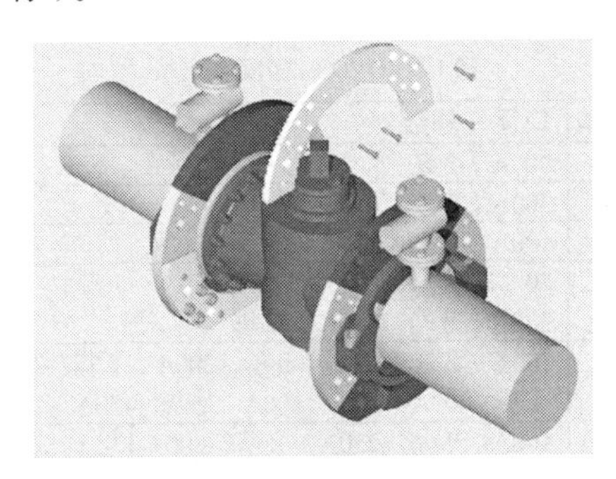

図7　内面補強板取り付け

④ 外面補強板取り付け

同様に補強フランジの剛性を保持するため外面補強板を取り付け。

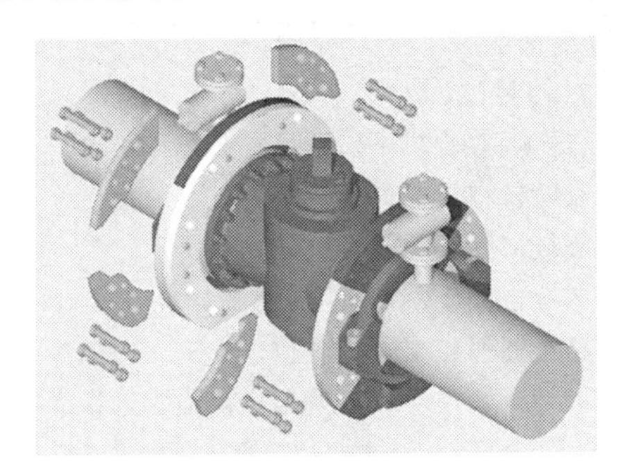

図8　外面補強板取り付け

⑤ 連結ボルト取り付け・締め付け

上下流側補強金物同士を連結ボルトでつなげ、油圧ナットを使用して均等に締め付け。

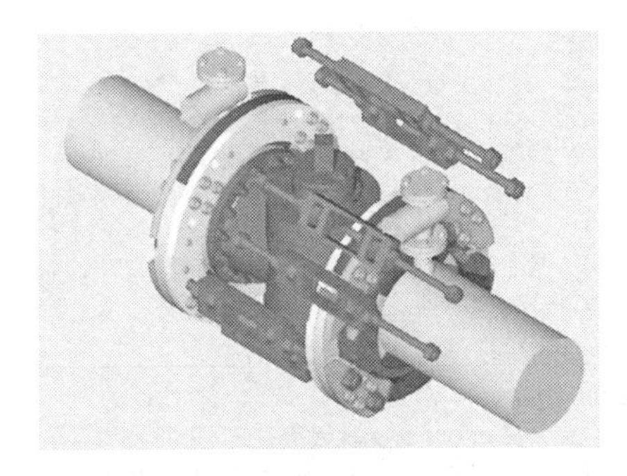

図9　連結ボルト取り付け・締め付け

⑥ 油圧ジグ撤去・検査・塗装

ロック用ナットで固定後、油圧ナットを撤去し、検査後、防食用塗装を実施。

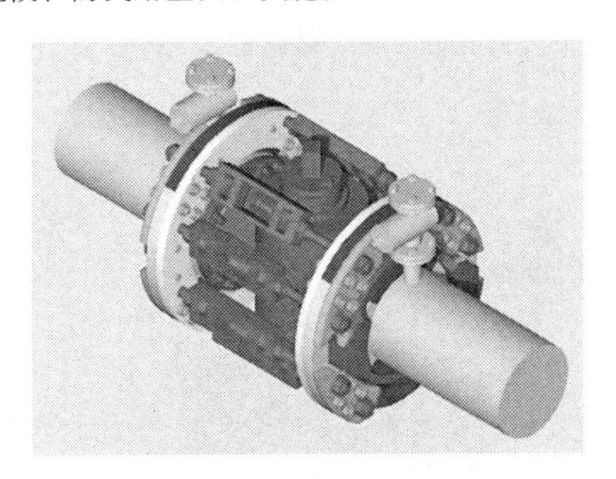

図10　油圧ジグ撤去・検査・塗装

5. 施工事例

400Aのフランジバルブに対する施工事例を以下に示す。

① 事前準備

道路工事占用帯をはり、ピット内の排水、換気、清掃を実施。

写真3　事前準備

② 補強金物準備・確認

取り付け用補強金物を準備

写真4　補強金物準備

③ 補強金物下ろし、取り付け

取り付ける補強金物を順番通り下ろしながら取り付け

写真５　補強金物下ろし

④ 取り付け確認・油圧締め付け・バルブ開閉確認

状態確認し油圧ナットで締め付け、バルブ開閉確認。

写真６　バルブ開閉確認

⑤ 塗装・完成

塗装を実施し完成

写真７　施工後の状況

6. 実績

施工実績を表１に示す。2017年末現在で159基の適用実績があり、今後の工事も計画されている。

表１　ROVO工法の適用実績

施工年	口径・基数
2002年	300A；３基
2003年	300A；14基、400A；１基
2005年	100A；６基、150A；７基、200A；３基
2006年	80A；１基、100A；１基、150A；１基、300A；５基、400A；22基
2007年	100A；２基、150A；５基、200A；７基、250A；９基、300A；21基、400A；25基、450A；１基
2014年	100A；１基、250A；２基、300A；２基、400A；１基、
2015年	150A；１基、200A；７基
2016年	300A；３基
2017年	150A；１基、400A；７基
2018年（計画）	400A；４基

7. おわりに

本工法の特長を以下に列記する。

- 地震時にバルブが破壊しない
- 地震後に漏洩が発生しない
- ガスを止めないで補強できる
- 道路を掘削しないで施工できる
- 入取替えの1/3以下の費用で補強できる

今後も、耐震補強工法の現地適用や地盤変位解析による耐震性評価[4]など総合メンテナンス技術の提供により、埋設パイプライン事業者の保全・維持管理を支援していく所存である。

<参考文献>

(1) 例えば、社団法人　土木学会：都市ライフラインハンドブック、pp.673-680、2010.

(2) 日本ガス協会：高圧ガス導管耐震設計指針、2013.

(3) 日本ガス協会：一般（中・低圧）ガス導管耐震設計指針、2013.

(4) 渡部秀貴、森健、鈴木信久：配管技術、778、Vol.58、No.4、pp.29-32（2016年３月）

【筆者紹介】

畠中　省三

JFEエンジニアリング株式会社

パイプライン事業部　ガス導管技術部　経営スタッフ

〒230-8611　横浜市鶴見区末広町2-1

TEL：045-505-7293　FAX：045-505-7620

E-mail：hatanaka-shozo@jfe-eng.co.jp

特集② 配管技術最新の動向

トータルファスニング

(各種留め付けに関する省力化、効率化、安全作業の解決提案)

＊切石 陽一

1. ヒルティが進めるトータルファスニング

「留め付ける」という作業は、建設工事で必ず行われる工種の一つである。「留め付け」の一連および周辺作業は複数の工程がある。具体的には、①墨出し・埋設物探査、②穴あけ・ハツリ、③研削・切断、④留め付け、⑤充填、⑥施工確認などに大別できる（表1、図1参照)。

これらの工程には様々な工具・材料が用いられ

表1 トータルファスニングの主な工程と概要

工 程	使用工具・材料	作業内容	発生し得る問題点
埋設物探査	埋設物探査機	鉄筋、電配管（非鉄）、活電線位置の探査	鉄筋干渉、活電線切断
穴あけ	ハンマードリル、ドリルビット	設計仕様通りの径・深さで墨出し位置へ穿孔	振動等によるはくろう病、穿孔径・深さ違いによるアンカー性能低下
留め付け	アンカー	拡張作業、樹脂注入、ボルトの挿入など	施工品質のばらつき、生産性の低下
施工確認	引張試験機	あと施工アンカーの施工品質確認	アンカー抜け、留め付け物の脱落・落下

※適切な工具・材料を選定して作業することで、上表の「発生し得る問題点」を回避しやすくなる

図1 トータルファスニングの流れと主な使用工具・材料

＊日本ヒルティ㈱

る。中でも、「あと施工アンカー」は、施工品質により性能（耐力）に大きく差異が発生する。あと施工アンカーの性能を安定して引き出すためには工具も最適なものを選定する必要がある。この「最適」な組み合わせとなる工具と材料をトータルで提供することができれば、現場における「施工品質の向上」「生産性の向上」「安全の確保」につながると考えられる。

このコンセプトのもとに、留め付けに関わる全工程に必要な工具と製品を取り揃え、現場の様々な問題解決方法・代替工法を提案することを、当社ではトータルファスニングと称している。次項以降に本トータルファスニングの一例について解説する。

2. 埋設物探査機Xスキャン PS1000

(1) 本技術の特徴

トータルファスニングの最初の工程が構造物の埋設物調査（非破壊検査）である。中でも電磁波レーダー法の埋設物探査機は現場でよく使われるが、探査は一般的に熟練した技術者が探査機により得られた反射波の波形データを判読する必要があった（図2参照)。ヒルティはこの波形データに独自の方法で画像処理をして、専門知識や熟練性を必要とせずに埋設物の位置を容易に把握できる埋設物探査機、Xスキャン PS1000（以下、PS1000）（写真1）を開発した。以下に特徴を述べる。

なおPS1000は国土交通省のNETIS（New Technology Information System）の登録技術である（登録番号：CB-110039-VE)。

・マルチアンテナ：

一般に1つのアンテナが装備された探査機が多い中、PS1000は3つの送受信アンテナを搭載することで広範囲かつ信頼度の高いスキャンを可能とした（図3参照)。これにより、埋設物の平面・断面表示が瞬時に行え、また複層埋設物（ダブル配筋等）のスキャンが可能となる。

・クイックスキャンによる平面・断面表示：

スキャナーを直線状に動かしてスキャンし、埋設物の平面および断面状況を調べる方法である。スキャン実施中はスキャナーを動かすと埋設物の平面・断面画像が同時にディスプレイ上へ表示される。ディスプレイ上はコンクリート表面からかぶり厚さ300mmまで表示可能である。ダブル配筋におけるクイックスキャン結果を図4に示す。

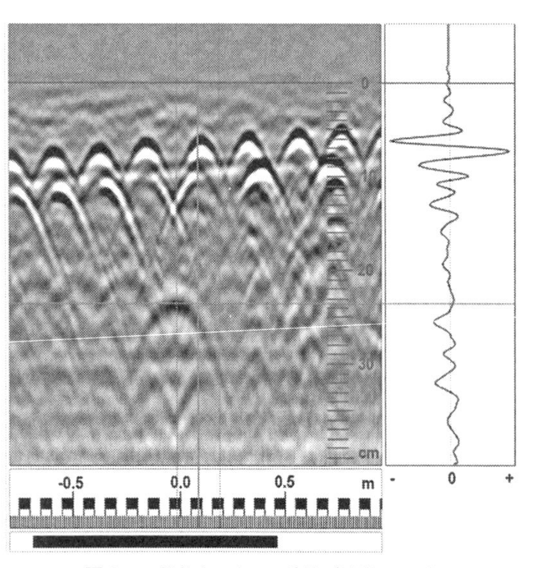

図2　一般的なスキャン結果（波形データ）

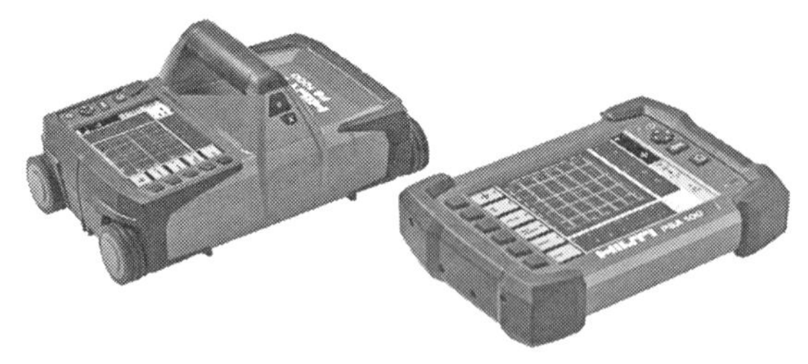

写真1　PS1000のスキャナー（左）とモニター（右）

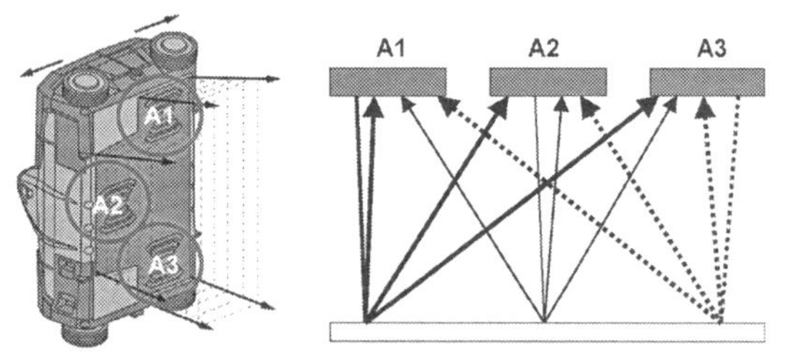

図3　マルチアンテナの電磁波送受信イメージ

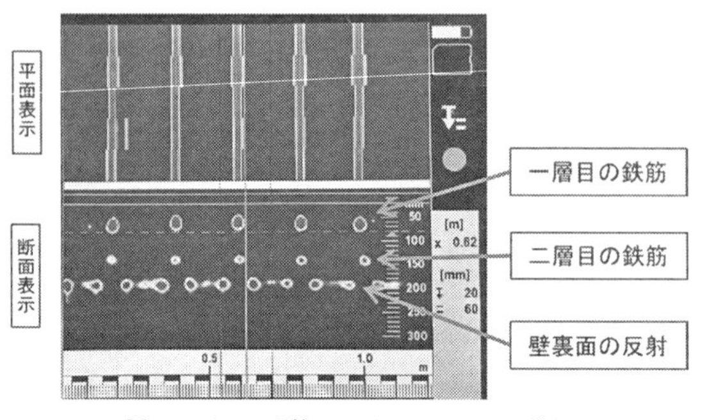

図4　ダブル配筋のクイックスキャン結果

・イメージスキャンによる2D、3D表示と活電線スキャン：

クイックスキャンが直線状のスキャン方法であるのに対し、イメージスキャンは一定範囲内の埋設物配置を読み取る面的スキャン法である。

2D表示では埋設物の平面と断面を深度ごとに表示する。3D表示ではスキャン結果を360°回転させ裏側や側面からなど、任意の位置から見ることができる。ダブル配筋のイメージスキャン結果を図5に示す。また、探査範囲内に活電線がある場合は、EMセンサーを作動させることで、ディスプレイ上に活電線のみを表示させることができる。EMセンサーによる活電線のスキャン結果を図6に示す。

(2) 本技術の用途

改修工事等で、既設の建物に電気・配管設備用の穿孔を行う場合、躯体内部の鉄筋や埋設物の有無を確認する必要がある。作業の目的に応じて既出のスキャン方法を使い分ける。

・コンクリート壁やスラブ厚さ、埋設物位置やかぶり厚さの確認、穿孔位置の決定⇒クイックスキャン

・コンクリート中の配筋状態、各種配管等埋設物配置の確認、穿孔位置の決定⇒イメージスキャン

・コンクリート中の活電線有無確認⇒EMセンサーによるスキャン（通電状態で250mA（50/60Hz)、導体径5mmのケーブルがかぶり厚80mm以内にある場合にスキャン可能）

(3) 使用上の留意点

PS1000は電磁波レーダー法探査機の特性から、使用に向かない環境もある。以下のような条件下ではスキャンができなかったり、正確なスキャン結果が得られない場合があるため注意が必要である。

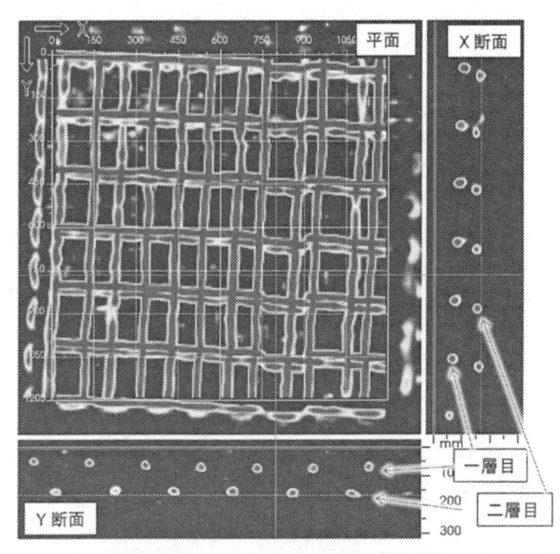

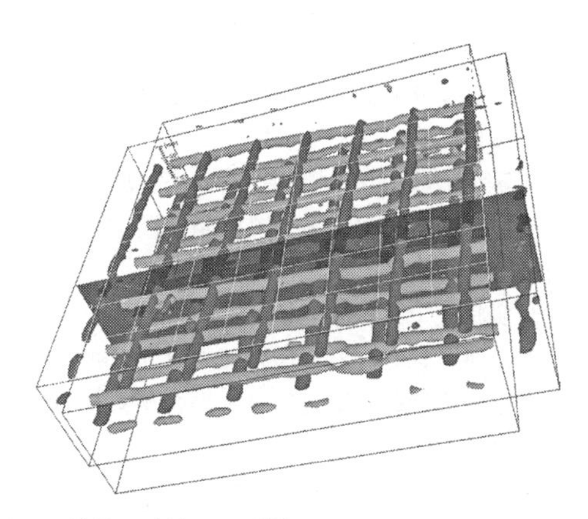

図5　ダブル配筋のイメージスキャン結果2D（左）、3D（右）

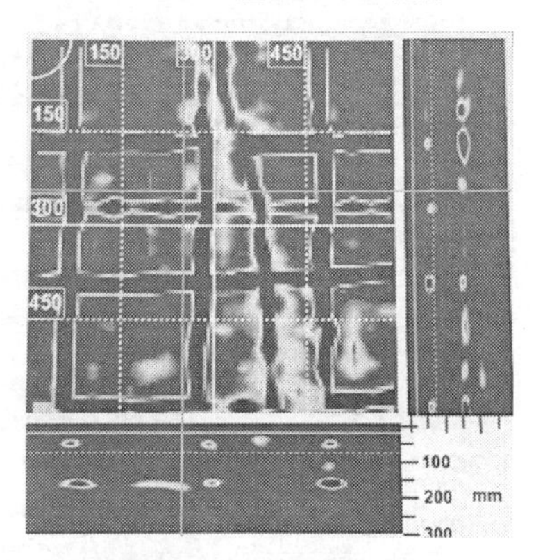

EMセンサー非表示

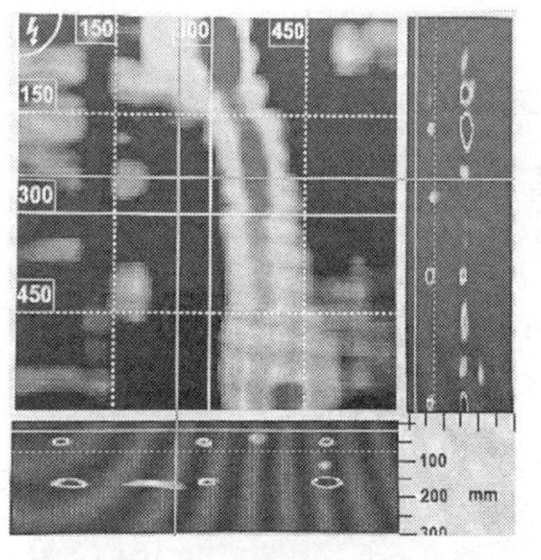

EMセンサー表示（縦方向の太線が活電線）

図6　EMセンサーによる活電線スキャン結果

・十分に乾燥してないコンクリート、骨材が多く含まれるコンクリート、凹凸がある表面

・コンクリート表面に鉄板など密度の大きく違うものが設置されている範囲

・適用限界範囲を超える深度（鉄筋：深さ300mmまで、樹脂管：深さ200mmまで）

(4) 使用実績

公共・民間工事、特に耐震補強工事で多数の実績がある。近年は、埋設物探査情報を構造物のCAD（図7）やCIM/BIMに取り込み、様々な工程で管理できるよう取り組んでいる。

3. プロフィ工法

(1) 本技術の特徴

設備工事において耐震性を持たせた配管固定など、大きな荷重がアンカーに作用する場合は接着系アンカーが使用されるケースが多い。

ガラス管タイプに代表されるカプセル方式の接着系アンカーは、施工者の技量によってはアンカーの撹拌不足が起こり品質低下を招く場合がある。また、設計地震動が高くなるのに伴い、より大きなアンカーサイズが求められる傾向にあるが、施工用機械のパワー不足により攪拌途中で樹脂が硬化してしまう事例も報告されている。

さらに現場状況で標準仕様より深く穿孔する場合や、母材中にジャンカがある場合は、カプセル内の樹脂が定量なため樹脂量不足に陥る場合があり、施工管理には困難が伴う。

これに対して注入方式の接着系アンカーは上記の問題点を解決できるが、一方で必要な樹脂量の充填確認ができるかどうかについては、意見が分かれるところであった。

この問題点を解決するのが国土交通省のNETIS（New Technology Information System）登録済みのプロフィシステム（以下、プロフィ工法）である。プロフィ工法は、予め注入樹脂量を算出し、注入ホース先端の治具（ピストンプラグ）の移動距離で樹脂量を管理する工法である（図8参照）。また樹脂の撹拌はミキシングノズル内で自動的に行われるため、施工者の熟練性によらず均一な品質が確保できる（図9参照）。

(2) 本技術の用途（適用分野、使用限界など）

本工法は、従来の注入方式と比較しても樹脂量管理の精度が高く、施工品質の確保が容易である。また、樹脂量の作業ロス率低減が可能で、コストダウン効果が高い。これらの特徴から、現場での打設方向に左右されることがなく、特に深い穿孔や太い径の施工時に有効な工法である。写真2に本工法での太径アンカー施工事例を示す。

(3) 使用に当たっての留意事項

本工法は、カプセル方式等の他工法や通常の注入方式と比較して、準備・施工方法が異なる。したがって、本工法の採用時はメーカーが実施する施工トレーニングを予め受講することが望ましい。

(4) 使用実績

プラント工事のM30以上のサイズで多数の実績がある。また、公共の耐震補強工事に使用された実績

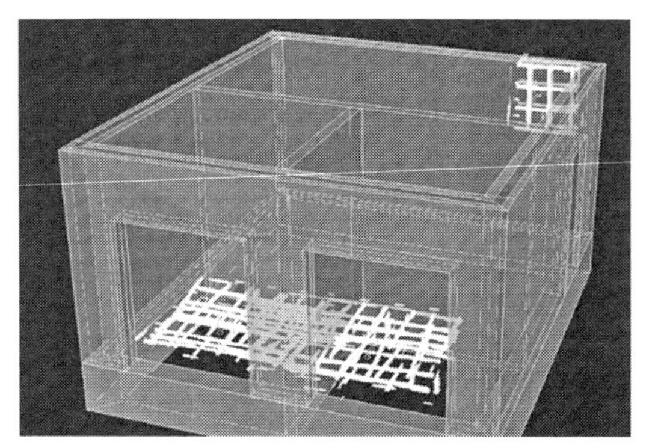

図7　スキャン結果の活用事例（CAD図と統合）

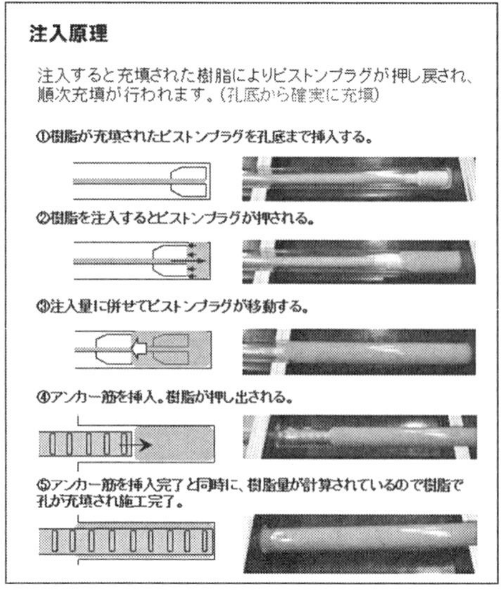

図8　プロフィ工法の注入原理

■プロフィ工法

延長チューブ
ピストンプラグ
※攪拌状況
ミキシングノズル
HIT-RE500
フォイルパック
専用ディスペンサー
下向き
横向き
上向き
液ダレ防止

図9 プロフィ工法の施工概略

写真2 太径アンカーの施工事例

も多数あり、その一部を表2に示す。

4. 耐震認証アンカー（アンダーカットアンカー）

(1) 本技術の特徴

① 日本における近年の災害や事故により、あと施工アンカーに関して海外（特に欧州）の認証制度や設計方法への関心が非常に高まっている。欧州の製品認証は、日本のようないわゆる「合否判定」ではなく、実験により製品個々の基準耐力を算定する「性能評価型」である。また、評価基準も日本と欧州では異なり、中でもひび割れの影響試験はヨーロッパの基本認証（ETAG）では実施が標準となっている。

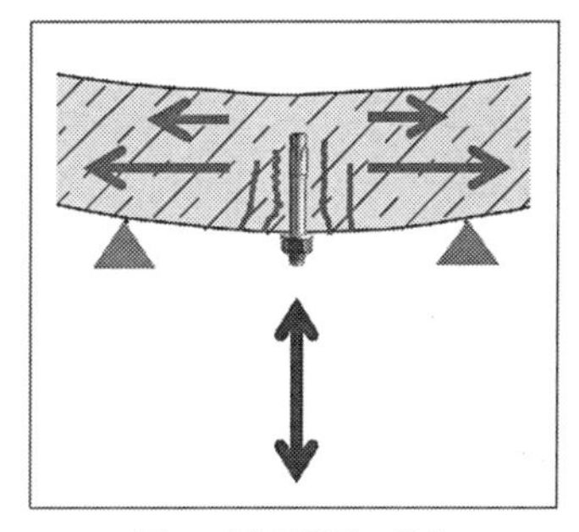

図10 耐震認証の概念

さらに追加項目として耐震認証がある。これは、地震時に発生するひび割れ及び地震動に対する性能を評価しており（図10参照）C1、C2の２つの区分がある（図11参照）。このうち耐震C2認証では震度５以上を想定しており、かつ、スラブ下のアンカー施工部位に発生したひび割れが開閉するケースを想定している。

今回はこの耐震C2認証を取得しているアンダーカットアンカーを以下に紹介する。

② アンダーカットとは母材に穿孔した孔の先端部分をさらに半径方向に拡げた部分を指す（図12参照）。アンダーカットアンカーは、先端の拡開部が

表2 プロフィ工法の実績

年	現場名	アプリケーション名	サイズ
2016	仲の橋ほか修繕工事	橋梁の支承補強	D22～D35
2016	川木谷橋耐震補強工事	落橋防止、耐震補強	M27、M30
2015	根岸本町線・県道東京川口線橋梁修繕	落橋防止設置	D51
2014	23号松阪地区橋梁補強工事	縁端拡幅	D22～D35
2013	国災大漁西防波堤災害復旧工事	ケーソン吊上げ	M33、M36

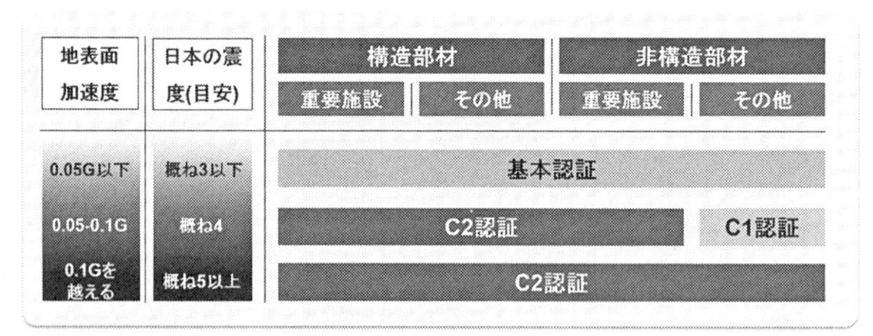

※"震度"は実験した建物(ビル)に作用させた値であり、アンカーへ作用した値とは異なる

図11 地震レベルと対応するアンカーの認証（欧州技術認証（EOTA）の場合）

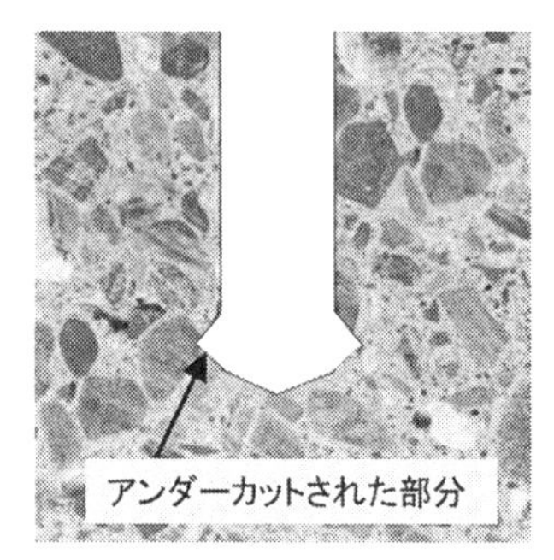

図12 アンダーカットの概念

アンダーカット部にひっかかることで支圧力が発生し、引張力に抵抗する。

③ アンダーカットアンカーの分類の１つにセルフアンダーカット式がある。これはアンカー自体をドリルビットのように回転させて孔先端のコンクリートを切削しアンダーカットを形成するタイプのアンカーである。その過程を図13に示す。

⑵ 本技術の用途（適用分野、使用限界など）

あと施工アンカーの破壊形態には、鋼材破壊、コンクリートコーン状破壊、アンカー抜け出しがあるが、アンダーカットアンカーは終局破壊が鋼材破壊となる。よって設計は鋼材強度で行う、いわゆる靭性設計となるため、重要施設や構造部材の取り付けに使用される。

また、アンダーカットアンカーは金属拡張アンカーよりも耐力が大きいことから、以下の用途にも使用される。

・重量物の留め付け

・コンクリート端部で高い引張・せん断力が必要な箇所（鋼構造用基礎ボルト）

・高いせん断荷重の作用箇所（配管、機械固定）

・動荷重（地震、疲労、衝撃荷重等）の作用する

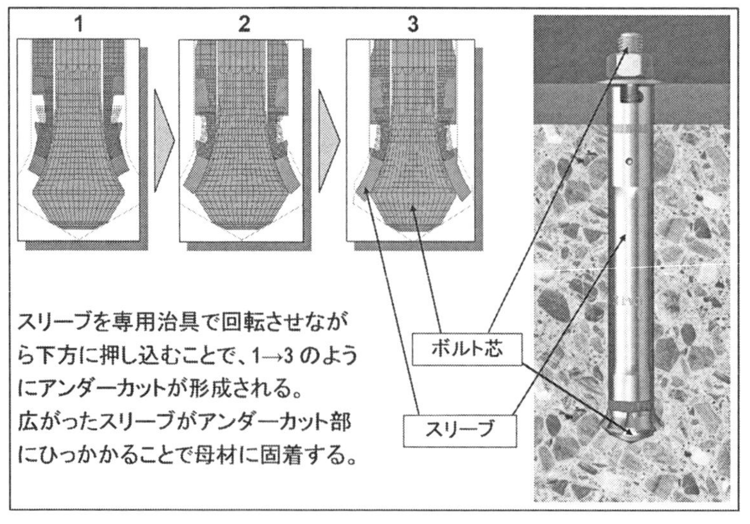

図13 セルフアンダーカット式の仕組み

表3　セルフアンダーカット式アンカーの主な実績

No.	時期	用　途	サイズ
1	2015	高速道路トンネル換気塔の外壁剥落防止	M12
2	2012	地下鉄拡幅工事の吊天井板と換気ダクト固定	M16、M20
3	2011	MOX 燃料加工施設内の配管支持材やその他の構造物固定	M10～M20
4	2000	官公庁ビル内のラック固定	M12
5	1999	大手電機メーカー工場内の重量機器設置	M12

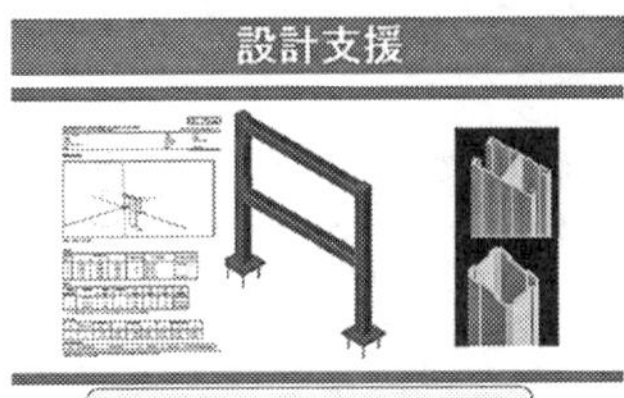

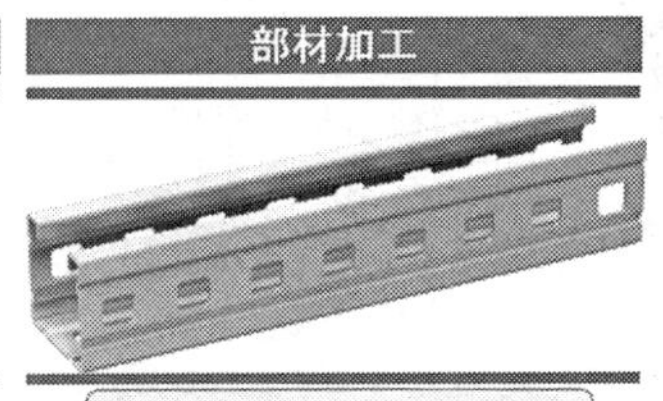

図14　トータルソリューションの要素

箇所

・供用期間中にひび割れが入る可能性のある箇所

(3)　使用に当たっての留意事項

欧州認証および耐震認証におけるひび割れとは、供用期間中に発生する可能性があるひび割れを指す。耐震認証アンカーは健全な母材に施工するものであり、既にひび割れが発生している場合はその部位を避けるか、またはひび割れを補修した後に施工することとなる。

(4)　実績

セルフアンダーカット式アンカーHDAの主な実績を表3に示す。

5. モジュラーシステムによる設備工事のトータルソリューション

(1)　本技術の特徴

①　電気・空調・衛生工事で各種配管用のサポート部材は、鋼材を加工・溶接して組み立てる（以下、在来工法）か、または軽量で汎用的な既製品をボルト・ナットまたは後述するプッシュボタン（写真3）で組み立てる工法（以下、モジュラーシステム）がある。モジュラーシステムは組立が簡単で、在来工法に比べて工期短縮に貢献する。

一方で、プロジェクト全体で工期短縮を図るには工法だけでなく設計変更発生時の対応、現場作業者の生産性、作業工程数の調整等、大きな影響を与える要因がある。これらの要因をうまくコントロールしながら設計、製造、加工、納入、現場対応と、プロジェクトの一連の流れを網羅して現場の工程管理を効率的に行えば更なる工期短縮を図ることができる。

このような網羅的なプロジェクト対応法を当社ではトータルソリューションと呼んでいる（図14参照）。

②　プッシュボタンシステム

非溶接で組立てできるモジュラーシステムは以前から建設市場に存在する。その性能を保ちつつ、使用する部材数を低減でき、ワンタッチ固定という利便性を高めた新たな部材接合システムがプッシュボタンシステムである（写真3、図15参照）。ボタンを押しながら90度回転させる簡単な操作だけで、部材同士をワンタッチで固定できる独自の機構である。

(2)　本技術の用途（適用分野、使用限界など）

各種配管・設備機器等のサポートや、二重床の統合フロアシステム（床材、床下配管・配線、床上重量物等のサポート）等に用いられる。特に、限られた工期で大規模かつ複雑な設計・施工が求められる新設工事や、火気使用が制限される既設設備における改修工事で、本ソリューションの特徴が生かされる。本システムの主な用途を表4に示す。

(3)　使用に当たっての留意事項

モジュラーシステムを活用したサポートを導入し設計性能を確保するためには、トータルファスニングの考え方に基づき、サポート自体に加えて、母材

写真3　プッシュボタン

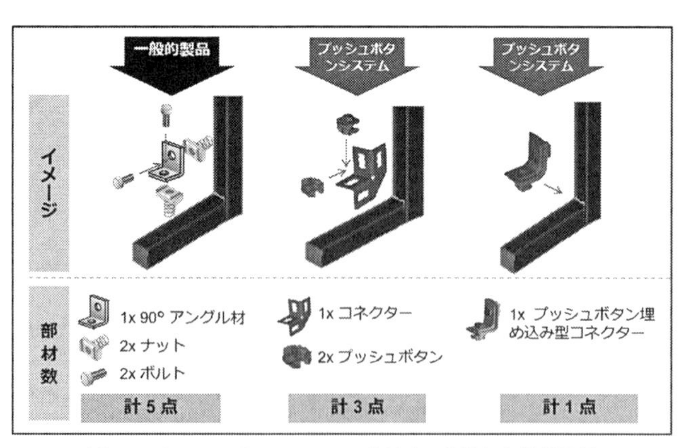

図15　プッシュボタンシステム使用時の接続部部品数比較

表4　モジュラーシステムの主な用途

項　目	中・高層ビル	工　場	エネルギー関連等
施設例	データセンター、オフィスビル、商業施設、病院、エレベーター　等	食品、製薬、半導体、自動車(部品)工場　等	石油化学、発電・送変電所、造船　等
対象構造物	二重床、給排水管・電線管・空調ダクト支持　等	配管・電線管・通風管支持、歩廊　等	各種配管・設備機器・計器類支持、歩廊、二重床　等
施工イメージ	二重床の例	配管サポートの例	配管サポートの例

表5　モジュラーシステム採用実績

業　種	採用事業者
自動車	完成車メーカー、部品メーカー
電子部品	半導体メーカー、液晶パネルメーカー
医薬品	製薬会社
造船・洋上石油化学	資源開発会社、石油会社、官民パートナーシップ(空母建造)
発　電	公益事業者、原発事業者
陸上石油化学	LNG、化学(日系 EPC)

の種類や状態を考慮した最適な留め付け部材の選定等、総合的に設計・施工方法を検討することが重要である。

⑷　使用実績

複数の業種にて工場・プラントの設備機器固定および配管サポートに使用された実績がある。表5に本システムの採用実績を示す。

特に直近の大型採用事例である空母建造プロジェクトでは以下のような評価を頂いている。

・建設開始後に設計や工事計画に変更が生じた場合も、迅速かつ簡単に対応することができた

・追加費用を抑えるだけでなく、工期の柔軟性を含めた総合的な生産性を実現できた

・火気使用を伴う作業を劇的に削減でき、溶接に伴う金属蒸気、空気汚染、ケーブル等への引火に伴う危険から解放されたことで、安全で清潔な作業環

境を実現することができた。

6. おわりに

以上、トータルファスニングについていくつか例を挙げながら説明した。「留め付ける」作業には、その前後の工程も視野に入れたトータルな準備が必要であり、それが現場の「施工品質の向上」、「生産性の向上」、「安全の確保」につながると当社は考える。現場で起こる様々な問題の解決方法・代替工法提案のため、当社は今後もより良いトータルファスニングの開発に取り組み続ける。

【筆者紹介】

切石　陽一
日本ヒルティ株式会社
技術本部　仕様・認証課
テクニカルエンジニア
TEL：0120-66-1159　FAX：0120-23-2953
E-mail：yoichi.kiriishi@hilti.com

特集② 配管技術最近の動向

配管用免震継手の紹介

＊根本　訓明

1. はじめに

巨大地震は、生命は勿論のこと建物にも倒壊や損壊など大きな被害をもたらす。東日本大震災や熊本地震でも例外ではなく大きな人的被害や建物の倒壊、財産の喪失などの損害を招いた。その中、免震構造を採用した免震建物ではいずれも被害を免れている。同様に免震建物で多く使用されている免震継手も異常や破損などの不具合は一つとして聞こえてこない。地震による免震建物の可動に対し、免震継手も追随して性能を発揮しているものと考えられる。今回は納入実績の多い免震継手、当社製品名「セキュレックス２　F・H・C・Vシステム」を解説する。

2. 免震継手の役割

免震建物はその構造上、建物側と地盤側に大きな相対変位が生じるが、免震建物の設計では相対変位を設計可動量と称している。可動量は設計によって異なるが、この設計可動量の吸収を目的とした継手が「免震継手・セキュレックス２」である。セキュレックス２（以下、SQ2）の材質を大まかに分類すると、ゴム（断面図参照）、ステンレス（以下、メタル製）、フッ素樹脂となるが、材質は流体や圧力、温度などを考慮し選定する。材質の選定は変位吸収方式（以下、システム）を選定する前の重要事項となる。この材質特性を利用し単独または適合できるシステムにて可動量を吸収する。すなわち、可動量を確実に吸収できることが前提にあり、使用できる材質特性を見極め、適応できるシステムを選別する。

3. システムの選定

使用する材質が決まると次にシステムの選定に移る。システムには垂直や水平、水平L型などが存在するが、材質によっては対応できないシステムが存

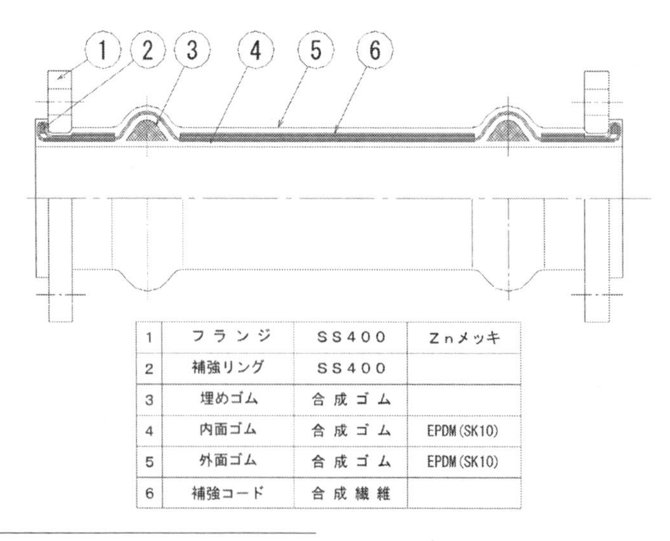

1	フランジ	SS400	Znメッキ
2	補強リング	SS400	
3	埋めゴム	合成ゴム	
4	内面ゴム	合成ゴム	EPDM(SK10)
5	外面ゴム	合成ゴム	EPDM(SK10)
6	補強コード	合成繊維	

＊㈱TOZEN

在するので注意が必要である。システムは施工計画によって大きく左右されてしまうので、使用用途や配管レベル、設置環境、作動スペースの確保等を総合的に判断し選定する。当然ではあるが選定では交換の容易さを考慮する事が望ましい。システム毎の特徴は事項に説明するが、どのようなシステムであっても最大可動量を確実に吸収できる事が要求されるため、当社では各システム毎に可動確認検証試験を実施している。

① Fシステム

排水や雨水、通気の主流なシステムであり、水平、垂直、斜め取付けが可能。伸縮性能に優れ継手単独で可動量の吸収が可能である。材質はゴム製のみである。(概要図1)

・排水、雨水、通気専用。0.3MPaまでのポンプアップ排水
・水平、垂直、斜めに設置(施工写真1)

※検証試験1・2

排水配管で使用するFシステムは、単独に設置するだけで可動量を吸収できるので最もポピュラーな免震継手である。

② Hシステム(吊り型)

天井スラブなどからコイルスプリングで懸垂支持するタイプのシステム。SQ2の材質全てが選定できるため、あらゆる流体にも対応できる。(概要図2)

・給水、消火、冷水、温水、冷温水など
・水平L型(施工写真2)

※検証試験3

2ラインや3ラインを束ねて吊る事も可能。比較的に小口径の圧力配管に使用するのが最適である。

③ Cシステム(置き型)

床スラブにキャスターの付いたコントローラで置くように支持するタイプのシステム。SQ2の材質全てが選定できるため、あらゆる流体にも対応できる。(概要図3)

・給水、消火、冷水、温水、冷温水など

検証試験1　SQ2　Fシステム　600mm変位試験

検証試験2　SQ2　Fシステム　600mm伸縮試験

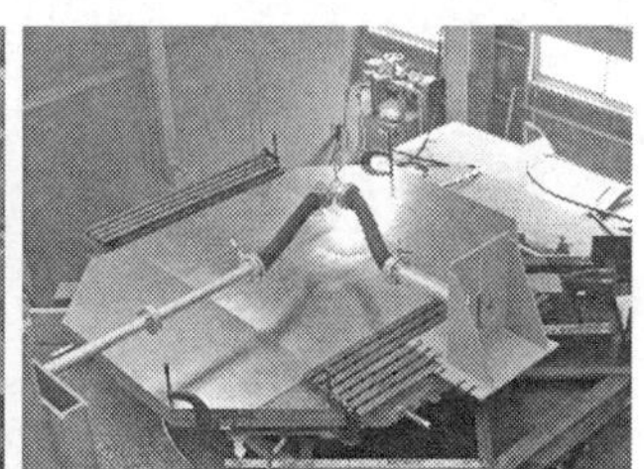

検証試験3　SQ2　Hシステム　600mm変位試験

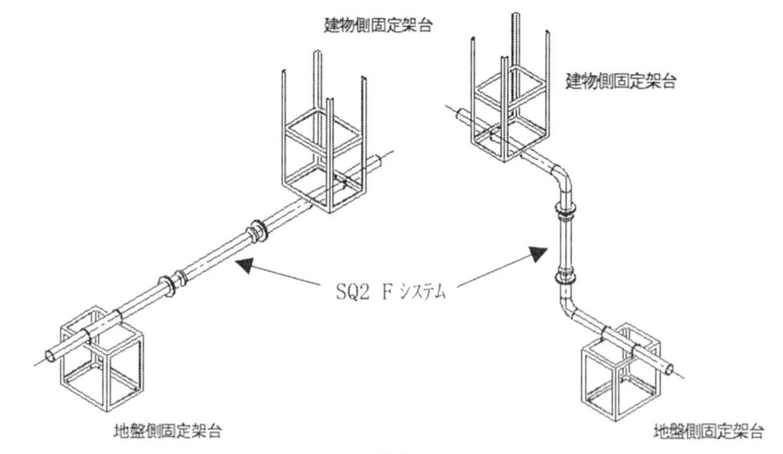

概要図 1

施工写真 1　SQ2　Fシステム

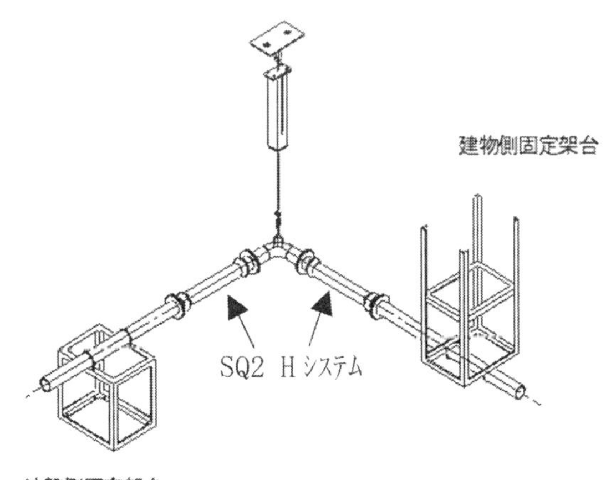

概要図 2

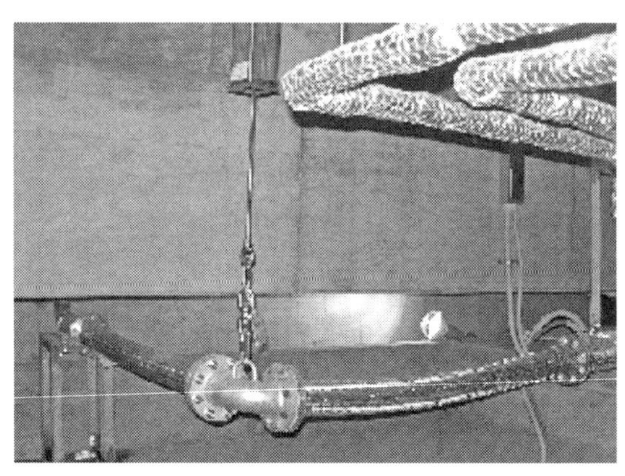

施工写真 2　SQ2　Hシステム

・水平L型（施工写真3）

キャスターを増やし荷重の許容を大きくすることで、大口径空調配管の集約した免震化も可能。

④ Vシステム（垂直専用）

垂直に取付けるSQ2の単独のシステム。主な材質は、ゴム製、メタル製となっている。冷媒配管も対応可能である。口径はゴム製で最大300A、メタル製で150Aまでである。（概要図4・施工写真4）

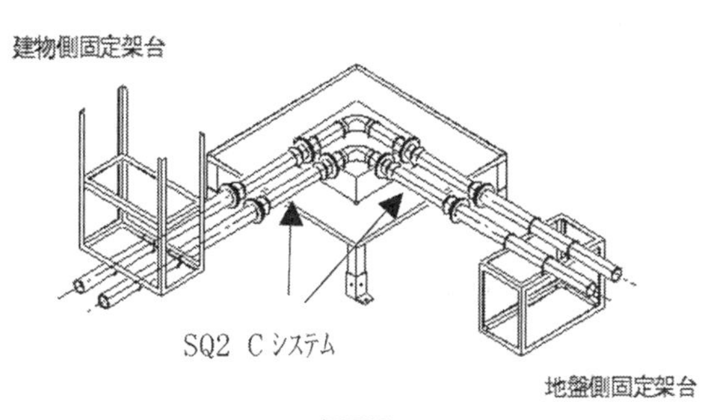

概要図 3

施工写真 3　SQ2　Cシステム

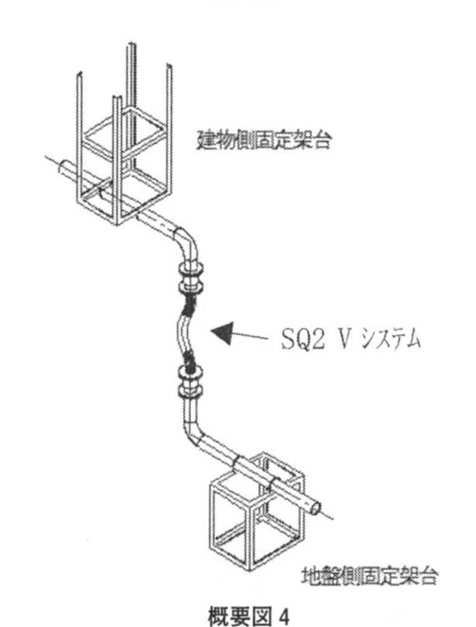

概要図 4

施工写真 4　SQ2　Vシステム

・給水、消火、冷水、温水、冷温水など

設置場所に高さがあれば、施工時間短縮など有効なシステムである。尚、流体の温度、圧力によっては使用できない場合がある。都度確認、相談する事が望ましい。

4. 可動スペースの確保

前項の4種類のシステムで殆どの流体に対応でき配管の免震化が可能であるが、全てのSQ2において下図のスペースイメージように、設計可動量以上の可動スペースが必要であり確保しなければならない。可動スペースが無い場合、免震建物の可動を妨げる可能性があり、可動スペースの確保は施工における最重要事項である。

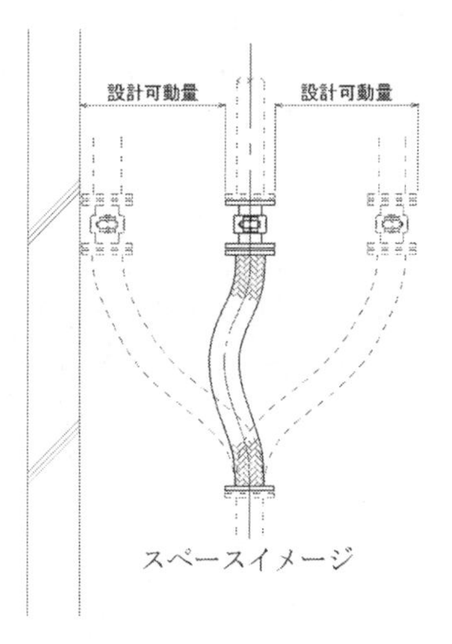

スペースイメージ

5. 終わりに

免震建物が日本に導入されてから30年以上経過している。巨大地震を経験し免震建物の安全性は確立され着実に普及し続けているが、まだまだ一般的な建物にはなっていない。免震建物が一般的に建設されるようになることを切に願う。当社は普及し続ける免震建物に、より安心、安全な製品が提供できるよう、新たな検証設備を導入し製品開発に役立てる計画である。安心、安全を有した免震継手の開発を続けることが免震建物の普及に微力でも貢献になれば幸いである。

【筆者紹介】
根本　訓明
株式会社TOZEN
西日本事業所

古代ローマ水道の配管技術

＊西野　悠司

1. 史上初の本格的配管技術

遥かなる昔、人は動物と同じように、川や泉の近くに住み、のどが渇くと水辺に来て喉を潤していたことでしょう。やがて、火を使い、道具を作るようになると、水を壷や皮袋に入れて運び、身近な安全なところに若干の水を蓄えたことでしょう。

今から6000年前の紀元前4000年ごろ、中国、あるいは古代バビロニアのあった現在のイラクの地から、節を抜いた竹の管や粘土を焼いた短い土管を繋ぎ合わせ、近くの水源から水を運んだ遺跡が見つかっています。

流体輸送の長い歴史において最初のトッピクスと言えば、古代ローマ帝国時代の水道を挙げることになるでしょう。

最初の古代ローマの水道（aqueductと呼ばれた）はアッピア街道を作ったアッピウスという人が紀元前372年に完成させたアッピア水道です。その全長は約15km（東京ー蒲田の距離）で、その後、紀元１世紀までにローマ近郊に造られた水道は、合わせて10本になります（図１参照）。最も長い水道は凡そ東京ー小田原間の距離に当たる90km、平均的な距離は、凡そ東京ー大船間に当たる40kmほどです。

古代ローマの水道といえば、水路を載せる石造りの高架や石橋の写真に親しんでいますが、実際は、ローマ近郊は敵が多く、敵からの破壊を逃れるために、多くは地下に埋設されていました。

ローマ近郊以外に、古代ローマ帝国の勢力が及んだ、フランス、スペイン、モロッコ、チュニジア、イスラエル、トルコ、などにも同じような水道の遺跡が残されています。

2. 古代ローマ水道の代表的プロフィール

図２は、古代ローマ水道の代表的なプロフィールを示しています。

ポンプのない時代、地形の落差だけで水を流すには、泉や川など水源の高度は、水を消費する都市の高度よりも高い必要があります。その下り勾配は

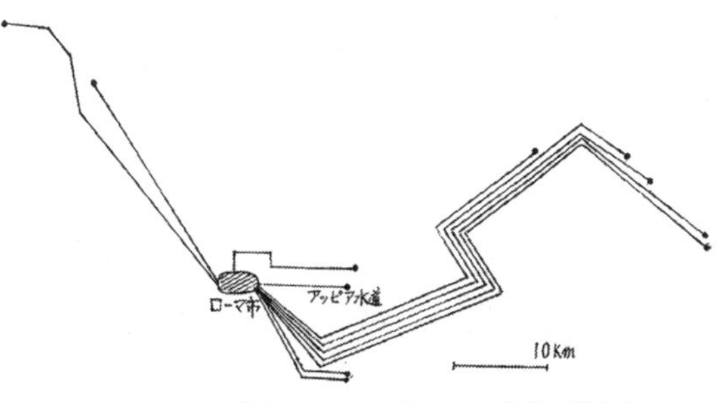

図１　ローマ近郊、10本の古代ローマ水道の概念図

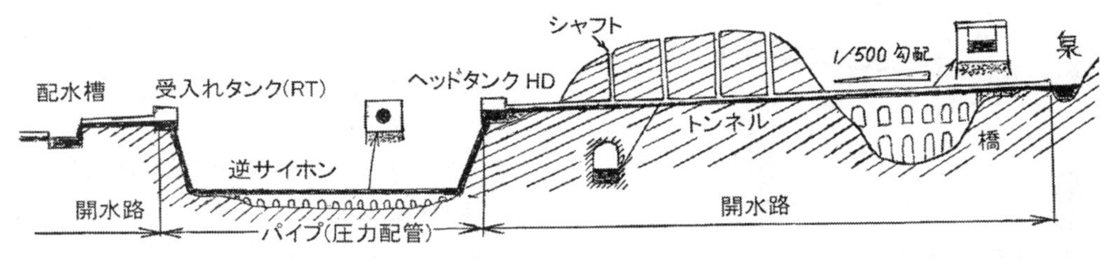

図２　代表的なローマ水道のプロフィール

＊（一社）配管技術研究協会

1/500から3/500でした。1/500というのは、1km行って2m下がるという非常にゆるい勾配です。この勾配を動水勾配と言い、流量は動水勾配に比例します。当然のことですが、水面のある水路では流れ方向に対し、上り勾配にすることはできません。

水路のルートは、あまり深くない谷や、あまり広くない谷は橋で越しましたが、深い谷や広い窪地は逆サイホンといって、管路をUの字形に谷の底近くまで下し、ヴェンターブリッジと呼ばれる低い橋の上に水路を設置して蓋をするか、あるいは埋設管としました。水の汚染や敵の攻撃から守るために、日本の玉川上水のように地面を掘って水路を作るようなことはしませんでした。

丘や山は迂回しましたが、迂回が困難なときはトンネルを掘りました。

逆サイホンのところは、上流側にヘッドタンク、下流側に受入れタンクを設けましたが、ヘッドタンクの水面は受入れタンクの水面より若干高くする必要がありました。

この二つのタンクの水面より下位にある管は満水状態で流れ、タンク水面との水頭差に相当する内圧を持っています。満水で流れる部分は下り勾配とする必要はありません。

3. 動水勾配、水力勾配線

2.項で述べたように、落差を利用する流れには、二つのパターンがあります。図3に示すように、一つは、側溝の流れのような水面のある流れで開水路または開渠と言います。開水路は水が流れるために、常に下り勾配である必要があります。

もう一つのパターンは逆サイホンの流れで、管の中を満水して流れます。逆サイホンというのは、聞

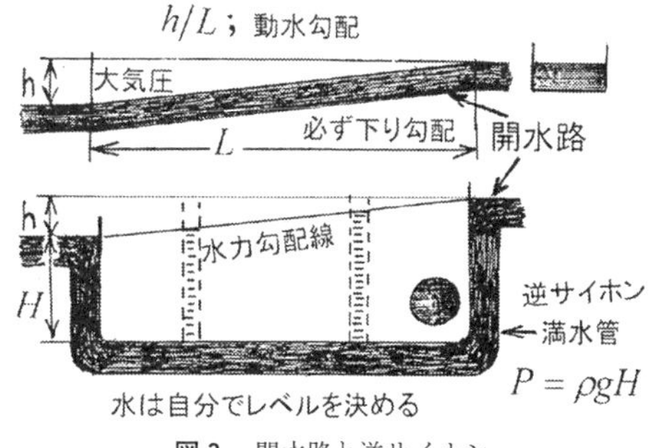

図3　開水路と逆サイホン

きなれない言葉かも知れませんが、「サイホン」という言葉は聞いたことがあると思います。サイホンの身近な例には、灯油を缶からストーブに移すとき使う灯油ポンプがあります。これは、曲げやすいチューブの一方を灯油缶の中へ突っ込み、チューブを逆Uの形にして、チューブのもう一端、すなわちストーブの灯油受入口を油面より低い位置にすることにより、最初に灯油を吸い出してやれば、あとは連続して灯油を移送できるというものです。このポンプのような逆U字形の流れをサイホンと言います。

逆サイホンというのは、サイホンの逆、つまりU字状の管で、入口と出口の水頭の差で流体を送ります。逆サイホンが成り立つ必須の条件は、その始点が終点より高度が高いことで、管内は内圧を持っているので、途中は下り勾配になっている必要はありません。

さて、管路を水が流れれば、圧力損失というエネルギー損失が生じます。圧力損失は損失水頭とも言います。水が流れるためには、その失われるエネルギーがどこからか補給されなければなりません。流体にエネルギーを供給するポンプがない自然の流れにおいては、エネルギーの補給は位置のエネルギーを消費することによって賄われます。即ち、入口と出口の水位の差、水頭差で流体が流れ、水頭の差に等しい損失水頭を生じます。水頭の差が大きいほど流量は多く流れます。

ここで、開水路の話に戻ります。図3の上段の図の開水路は側溝のように、水面のある流れです。古代ローマの水道、あるいは、江戸時代に造られた日本の用水や水道は開水路で、先に述べように多くはその平均勾配が1/500から3/500程度でした。開水路の流れの勾配を「動水勾配」といい、図3上の図の記号を使えば、h/Lで表されます。動水勾配線は、流れに沿って、流れの表面を連ねた線です。

図3の下段の図のような管路を横から見てU字状の逆サイホンの場合は、上記の動水勾配線に相当するものは、上流と下流のオープンタンク（開水面のあるタンク）の水面を結んだ線で、この線を水力勾配線、（または動水勾配線）と言います。U字配管の水平になった管に細い垂直管を立てると、その管に立つ水柱の水位は水力勾配線上に来ます。即ち、水力勾配線の高さと管路の中心線の高さの差hは管路の

中心線上の圧力Pに相当し、式1であらわされます。

$h=P/(\rho g)$　　式1

また、　$P=\rho gh$　　式2

の関係があります。ρは水の密度kg/m^3です。

式2から、高さ10mの水柱の底の圧力を求めると、$h=10m$、$\rho=1000kg/m^3$、$g=9.81m/s^2$より

$$P=1000\times9.81\times10=9.8\times10^4kg/m\cdot s^2$$
$$=9.8\times10^4kg(m/s^2)/m^2$$
$$=9.8\times10^4N/m^2=98kN/m^2=0.098MPa$$

即ち、水柱高さ10mの底の圧力は、約0.1MPa＝1bar≈1気圧となります。

古代ローマの人は、逆サイホンの途中に管を立てると、その水面は上流、下流の二つのタンクの水面を結んだ線上に来ることは経験的に知っていたようです。「水は水自身がレベルを決める」というローマ人の言葉は、このことを言っているように思われます。そして、水柱10mの底に生じる水圧の大きさを、感覚的には理解していたと思われます。それは、後程述べる耐圧部の石管の合理的な寸法からも伺い知ることができます。

4. ローマ水道の管の材質

逆サイホンの管は圧力が掛かるので、古代ローマ水道の管にどのような材料が使われたかというと、図4に示すように石材と鉛管が使われました。石の場合、石灰岩や花崗岩（花崗岩の方が強度がある）でした。管の断面の外形は正方形で真ん中に200～300mmぐらいの穴が開き、運搬に便利なように、管の単体長さは500mm程度のごく短いものでした。そして単体の両端の片方を雄型、片方を雌型のはめ込み形にして、オリーブオイルでこねた生石灰を合わせ面に塗布して、合体しシールしていたということです。

金属では鉛が、融点が328℃と低く、加工しやすいところからもっぱら使われ、最近では管用に余り使われなくなりましたが、管材として数千年にわたり使われてきました。

古代ローマの鉛管の製法は、鉛の融点を越える温度で溶かした鉛で先ず厚さ6.3mmの薄い板を作り、これを木の丸棒を使って丸め、継目に溶けた鉛を垂らして固め、シールしました。鉛管は厚さが薄く、この合わせ面が強度的に弱かったので、圧力配管では、太い径のパイプが使えないため、複数の管を何本も並行に走らせ、必要な流量を確保しました。

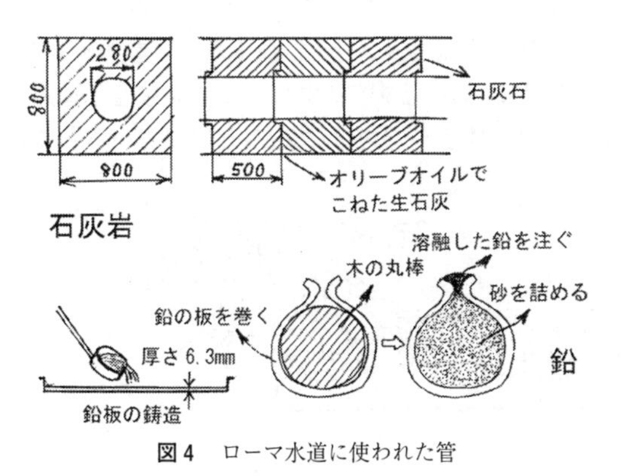

図4　ローマ水道に使われた管

5. ローマ水道開水路の例

開水路の水道の例として図5に掲げるのは、スペインセコビアの水道橋と並んで有名な、フランス、ポンデュガールの橋付近におけるニーム水道のイメージ図です。

水源と消費地の間の落差を徒と消費しないように1/500という極めて緩い下り勾配を維持しなければならないので、ほぼ等高線に沿った地形を探してルートを通すため、このように曲がりくねったルートとなっています。また、勾配維持のために大小の橋が必要となり、ルート上に山がある場合は、山を迂回することも可能ですが、適当な回り道がない場合はトンネルを掘りました。トンネル内も開水路で、中で作業しやすいように人が立って歩ける縦長の穴としました。トンネルにほぼ一定間隔にシャフトという竪抗が開いています。この竪坑は、当時の銀や鉛を掘る横穴式鉱山にも見られるもので、次のような目的がありました。一つは地上においてトン

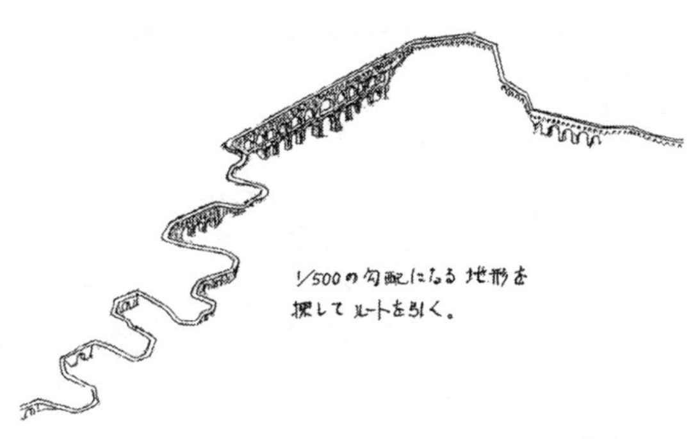

図5　ポンデュガールの橋付近におけるニーム水道

ネルを通すべきルートを定め、そのルート上に定ピッチで竪坑を掘り、その穴の底を通るトンネルを掘れば、直線でかつ最短距離のトンネルになります。二つ目の目的として、トンネルが通る場所の地盤の状態を確認する目的があったかもしれません。また、三つ目に、竪坑はトンネの修理やトンネルが陥没したとき、早期にその場所を特定するのに役立ちます。そして、四つ目の竪穴の役割は安定した流れを得るためで、身近な例として、建築の衛生設備配管に、トイレの洗浄水などが空気と一緒に流れる若干勾配のついた横走り管という管がありますが、混

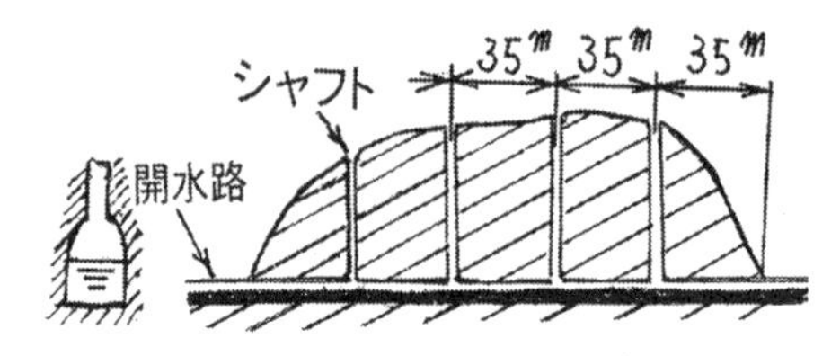

① 掘削時、水路の直線化(アライメント)
② 掘削工事面の増加(工事の効率化)
③ メンテナンス用(トンネル補修、陥没箇所の早期特定)
④ 一時に大量の水が流入したとき、空気の逃げ道を確保。

図6　トンネルに竪坑を設ける理由

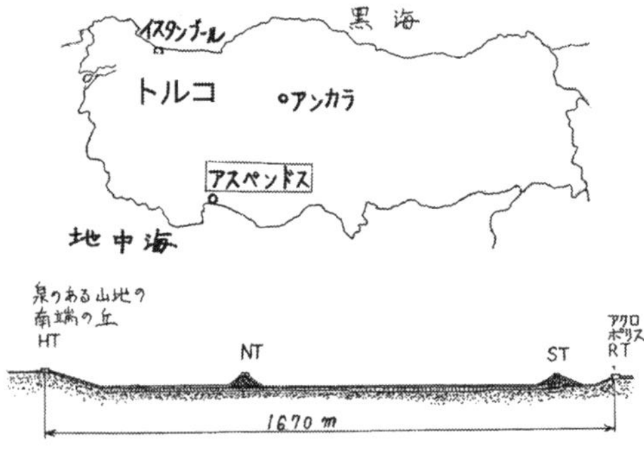

図7　アスペンドス水道の逆サイホンと二つの塔

入した空気が水によって閉塞されるようなところがあると、空気の圧縮性のため、流れが不安定になるので、幾つかの上方へ空気を抜く通気管がついています。トンネル内は開水路といっても、塞がれた開水路なので、大雨なので、水量が異常に増えたときに、竪坑に通気管のような役割を持たせたと思われます。

6. ローマ水道逆サイホンの例

ローマ水道の逆サイホンの例として、日本では殆ど知られていませんが、トルコのアスペンドス水道の逆サイホンを紹介します。

アスペンドス水道は地中海と接するトルコ南岸から少し内陸に入ったところにあって、山地にある泉（この泉は今もかなりの湧水量があるそうです）の水を、その南方、20km離れたアスペンドスという都市のアクロポリスの丘へ運ぶ水道で、紀元2世紀に建設されたものです。

山地を通る水道のルートは今でははっきりしていませんが、山地を出てアクロポリスの丘に至る最後の約1.7kmの行程は、幅が広くて浅い谷になっており、水道はこの谷を逆サイホンで渡っています。泉北方の山地の終端に水面のあるヘッドタンク、南方のアクロポリスの丘に同じような受入れタンクを設けています。

谷に下った水道はこの谷底に敷設されたヴェンターブリッジの上を渡っていますが、特徴的なのは、逆サイホンの途中2か所に北塔（ノースタワー、NT)、と南塔（サウスタワー、ST)、と呼ぶ二つの塔を経由していることです（図7、図8参照)。

また、図9は、逆サイフォンの部分をアクロポリス側から山地の方を見た図で、手前が南の塔で、ここで55度進路を振っています（図12も参照)。向こうに見えるのが北の塔ですが、ここでも若干進路を変えています。つまり、進路の方向が変わるところ

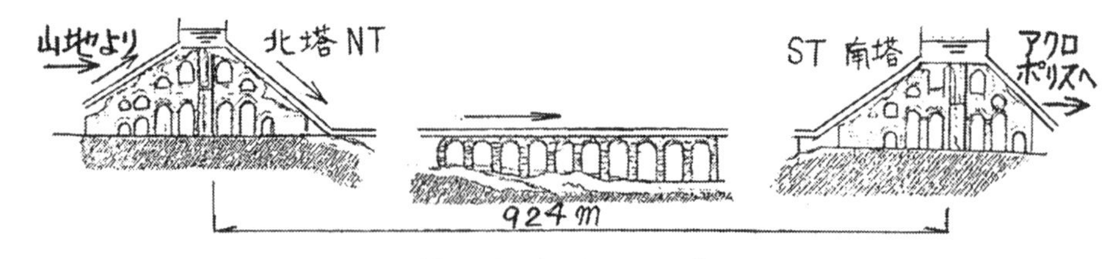

図8　広い谷にある二つの塔

に塔が立っています。

7. なぜ塔が必要であったか

7.1　塔の必要な理由　仮説1

塔は何故必要であったか、ということを考えてみます。

1996年にアスペンドスの逆サイフォンの学術調査が行われ、塔の目的に対し、幾つかの仮説が検討されましたが、今でも、塔が必要な本当の理由はわかっていません。

塔を必要とする一つの仮説は、内圧によるスラストを受け止めるために造られたのではないか、というものでした。管内の流体が圧力を持っていると、図10のようなX方向、Y方向の力が曲がり部の壁に働きます。X方向の力を考えると、両端に力が発生しますが、その力は大きさが同じで、反対方向の力なので、図10上段の図のように、管がX方向に剛体の場合は、合力は0となり、外力は発生しません。管の壁には軸方向のこのとき、引張り応力が出ますが、管は耐圧強度上、より厳しくなる周に沿った応力が許容応力内になるように壁厚さが設計されるので、この引張り応力で壊れることなく、外観的にはなにごとも起こりません。

しかし図10、下段の図のように、この管にベローズを使った伸縮管継手（エキスパンションジョイントともいう）のように軸方向の強度が極端に小さい管継手があると、その部分が内圧によるスラストにより、伸び切り、場合によっては破損します。

逆サイホンの配管は塔のところで、方向を変えています。南の塔の変位角度は55度ですが、曲がり部に内圧による発生するスラストにより、肘部がずれて漏れが発生するのを防止するため、何らかの装備が必要になったのではないか（図11は判り易くするため、曲げ角度90度で画いています）、そのために塔が立てられたのではないか、というのが一つの仮説です。

曲げ角度の大きな南の塔に生じるスラストの計算を図12に示しますが、合成推力を計算すると、約23kN（約2.3トン）になります。一方、肘部（エルボ）の石の重さは約11kN（約1トン）で、石と石の摩擦係数が仮に1としても、曲がり部の石は推力により動かされてしまいます。

そこでスラストで肘部が動かされないようにするため、曲がり部に塔を作って、ここで管を立ち上げ、塔の頂上にオープンタンクを設けた。オープンタンクは大気圧だから、ここで55度曲げても推力は発生しません。そして、管が水平から立ち上がる肘部で発生する下方向の推力は石材と地盤に持たせます（図14参照）。つまり、塔は内圧による推力対策として造ったというのが、塔が存在する理由の仮説の

図9　広い谷をわたるアスペンドス水道の遺跡

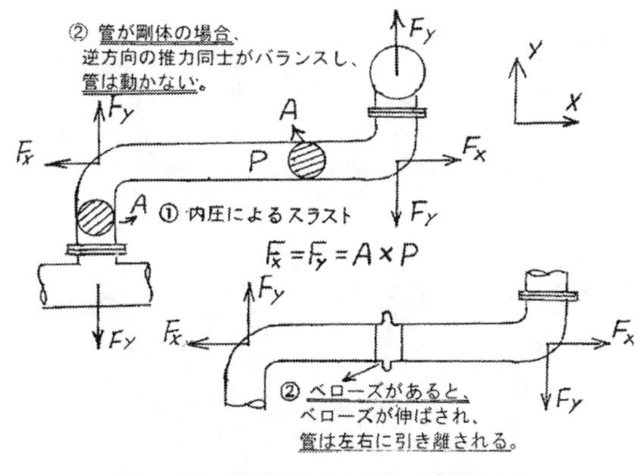

図10　弱い継手があると推力で破損される

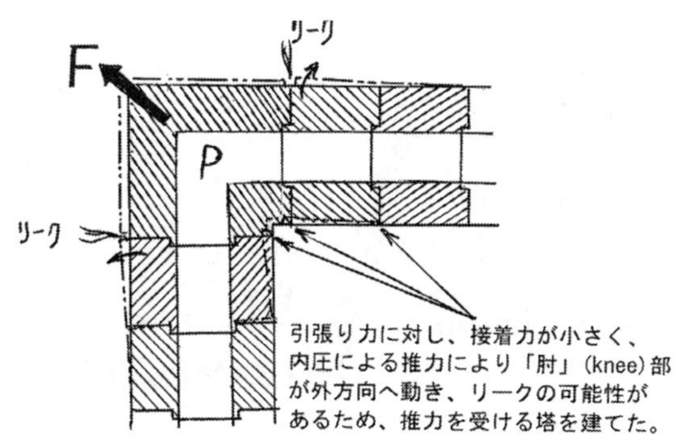

図11　肘部に生じる推力により発生する漏れ

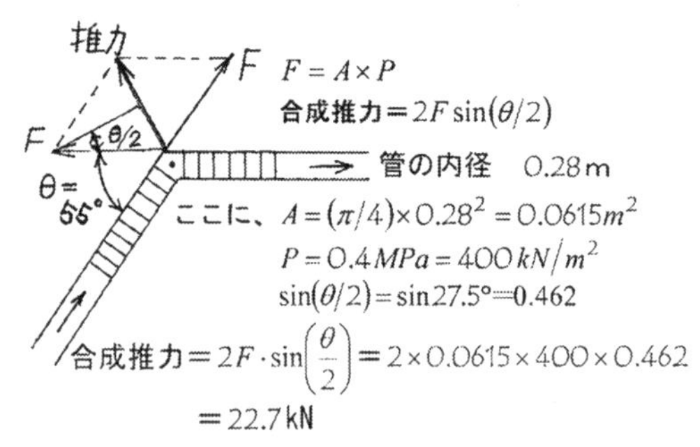

図12　肘部における推力の計算

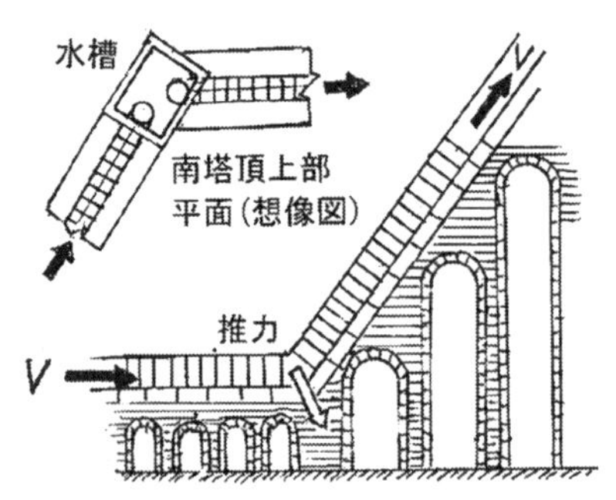

図13　塔は推力対策用の装備？仮説１の説明

一つです。

しかし、これは先ほども述べたように、水平曲がりでも肘部の石の背部にたくさんの石を積んで肘部の石が動かないようにするのは、塔を作るよりはるかにコストはかからないでしょうから、この理由だけで塔を作ったというのは、理に合わないと思われます。

7.2　塔の必要な理由　仮説２

塔が必要となった理由の二つ目の仮設は、逆サイホン部の最初の水張り時、あるいは、大雨の時とかに、大量の水が逆サイホン部のこの下り配管から一気に流れ込み、その際に長い底部の配管に多量の気相が巻き込まれ、水によって囲まれた空気の圧縮性により、不安定な流れになることを懸念し、そのため、逆サイホン底部に混入した空気を抜いてやる必要性を感じたのではないかという推定です。

そこで塔を造り、その頂上にオープンタンクを設け、そこに配管をつなぎ込んで、混入した空気を抜いたという説です。この場合、空気を抜くベントの目的なら、建築衛生設備の横走り管に設ける通気管のように、単独に垂直管を一本立てるだけで、事が済みそうですが、一本だけだと、空気が底部を通り過ぎるとき、垂直管で捉え損なうことがあるかもしれないと考え、空気の混入した流体が全てオープンタンクを通過するようにすれば、空気は確実にオープンタンクで放出されると考えたのかもしれません(図15参照)。

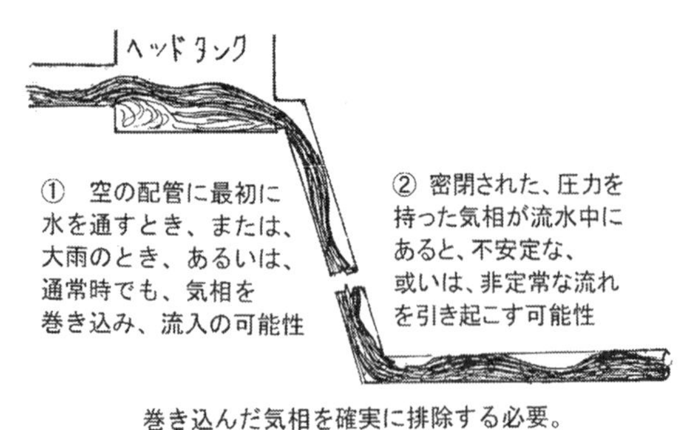

図14　逆サイホンに過渡的に巻き込まれる気相

8.　この水道の恩恵に浴した人口を推定する

さて、ローマ時代の水道もまた、水を消費する市民から水道料金を納めてもらう必要があったため、使用する水量を決める必要がありました。流量が流速に関係することは、古代ローマの時代、定性的に知っていましたが、流速を測る技術がなかったので、仕方なしに、流量は流れる「断面積」にのみ比例するとし、フロンティヌスという人が９種類の口径の標準ノズルを定め、ノズルのサイズごとに水道料金を決めたということです。なおエジプト、アレキサンドリアの工学者ヘロンは「貯水槽を掘って、ここに水を導き、日時計を使って、１時間に流れこむ水の量を調べれば、流量を知ることができる」と書いているそうです。

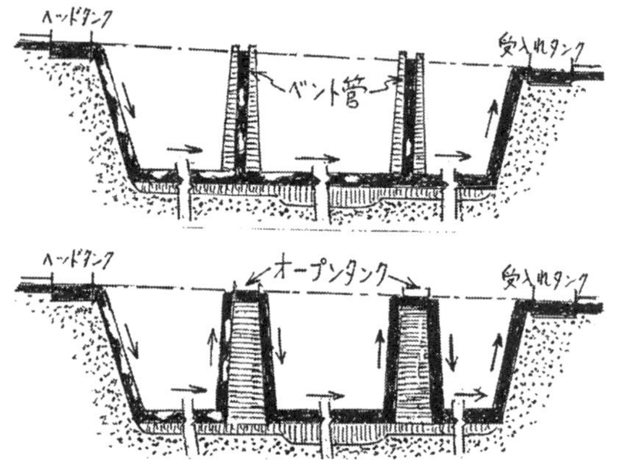

図15　塔が必要な仮説２の説明

アスペンドス水道の給水量がどのくらいであったかを、先に挙げた調査団が逆サイホンの部分で試算しています。

いま、流量を出すために必要なデータは、図16に示されています。

先ず、ダルシーワイスバッハの式で流速を求めます。ダルシーワイスバッハの式を式３に示します。

$$h_L = f\frac{L}{d}\frac{V^2}{2g} \qquad \text{式3}$$

ここに、h_L：有効落差m、f：管摩擦係数、L：管長さm、d：管内径m、V：管内平均流速m/s、g：重力の加速度（9.81m/s^2）

式３のfは図17ムーディ線図において、流れは完全乱流とし、相対粗さ$\varepsilon/D = 0.004/0.28 = 0.014$とすれば、$f = 0.043$と読み取れます（図17の右から左へ引いた水平の破線）。そうすると、式３は、次のようになります。

$$15 = 0.043\frac{1750}{0.28}\frac{V^2}{2\times 9.81}$$

上式よりVを求めると、$V = 0.99\text{m/s}$

この時の流量は、$Q = 1.02\times\frac{\pi}{4}0.28^2 = 0.061\text{m}^3/\text{s}$
$= 5300\text{m}^3/\text{day}$

市民一人当たり、一日の水消費量を推定、300～500リットルとすると、

$$\text{推定人口} = \frac{5.3\times 10^6}{300\sim 500} = 11000\sim 18000\text{人}$$

が求まります。

8. この管路の耐圧強度を評価する

石灰岩製の管路の断面は、図４の上段の図のように、ほぼ正方形の断面の中央に流体が通る円い穴が開けてあります。この管の内圧に対する耐圧強度を評価します。

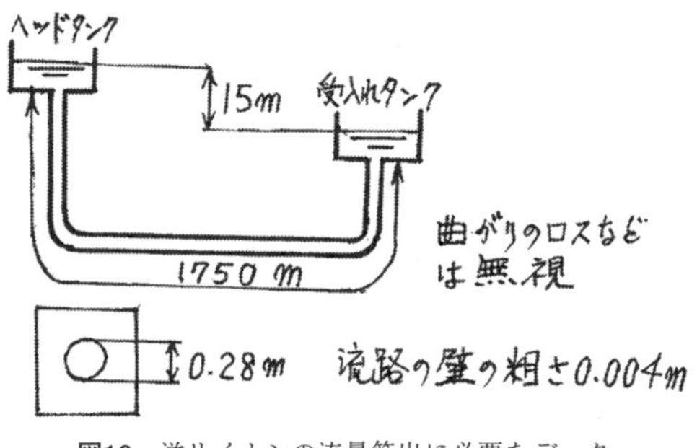

図16　逆サイホンの流量算出に必要なデータ

この管の耐圧的に最も弱い部分は図18のC-C矢視断面とそれに直交する断面（中央、垂直の断面）の二つの断面です。理由は管路単位長さあたりの壁断面積がこれら二つの断面において最も小さいからです。

内圧をP、内圧により壁に発生する応力をSとすると、内圧が管をC-C断面で分断しようとする単位長さたりの管に発生する力は$P\times d$です。分断しようとする力に対抗して壁に生ずる、バランスする力は図18の斜線を施した面積（$2\times t$）に発生する引張応力Sを掛けた力で、$2\times t\times S$となります。

そこで、

$$P\times d = 2\times t\times S \qquad \text{式4}$$

が成立します。ここでSを許容応力と考えれば、tは耐圧強度上、必要な厚さとなります。

しかし、ここに一つ問題があって、C-C矢視断面に生じる実際の応力は、図18のC-C断面の応力分布（２点鎖線）に見るように、応力は厚さ方向に一定ではなく、穴に接する応力が平均応力より高くなります。したがって、式４で計算した必要肉厚は危険側になります。

そこで、式４をもう少し安全サイドへシフトした、妥当な式として考えられるのが、内圧Pが平均径（$D+d$）$/2 = D_m$にまでかかるとする考え方で、式に表せば、

$P\times D_m = 2\times t\times S$　　したがって、

$$t = \frac{PD_m}{2S} \qquad \text{式5}$$

となります。

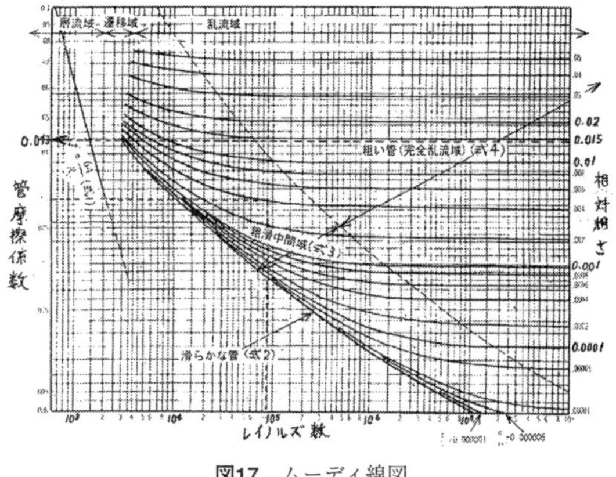

図17　ムーディ線図

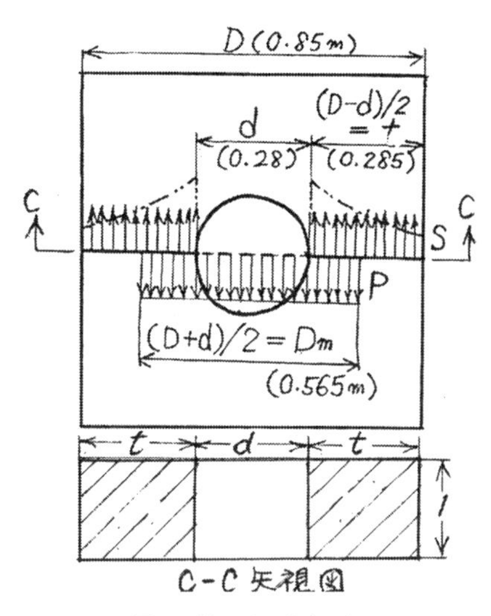

図18　管の耐圧強度評価

ここに、P＝0.4MPa、D_mは図18で見るように、0.565m、石灰岩の引張強度はデータがありませんが、インターネットで調べると、「圧縮強度：50N/mm^2、引張強度は圧縮強度の1/10～1/30」というデータが僅かにありました。仮に引張強度を圧縮強度の1/10とすると、S＝5MPa、1/20とすると、S＝2.5MPaとなります。

上記値を式5に入れると、

S＝5MPaの場合、t＝0.226m

S＝2.5MPaの場合、t＝0.452m

となります。

許容応力を5MPa（安全係数をみていない）とすれば、管の厚さ0.285mを満足し、かつ少し余裕がありますが、かなり耐圧強度的に限界に近いのかもしれません。あるいはまた、ヨーロッパの石灰岩はもっと強度があったのかもしれません。

このように、古代のインフラ設備を我々の持っている配管技術の知識で考察してみるのも、興味あることです。

会報

□協会行事

●2017年９月～2018年４月

10月18日	平成29年度第３回理事会
12月20日	平成29年度第４回理事会
２月27日	平成29年度第５回理事会
４月18日	平成29年度第６回理事会

●活動報告

総務委員会

・来年度の役員改選についての検討があった。

・今期通常総会は５月16日水曜日学士会館で開催する告知があった。

研修委員会

・第４回講習会「配管の溶接・検査・法規」、計35名参加の開催報告があった。

・第５回講習会「弁の構造及び機能とその用途」の説明があった。

技術委員会

・技術委員会技術テーマ「メンテナンス事業が実行されない理由」の進捗状況についての報告があった。

・中央技能検定委員の更新手続きの依頼があった。

編集委員会

・2018年度秋冬号の特集テーマ「①製品関係トラブル例、②樹脂配管」について計画中の報告があった。

配管技術研究協会誌　Vol.58　No.1

（第58巻第１号）平成30年４月10日発行

春・夏季号　ISSN　2186-2508

事務局所在地（日本工業出版ビル）

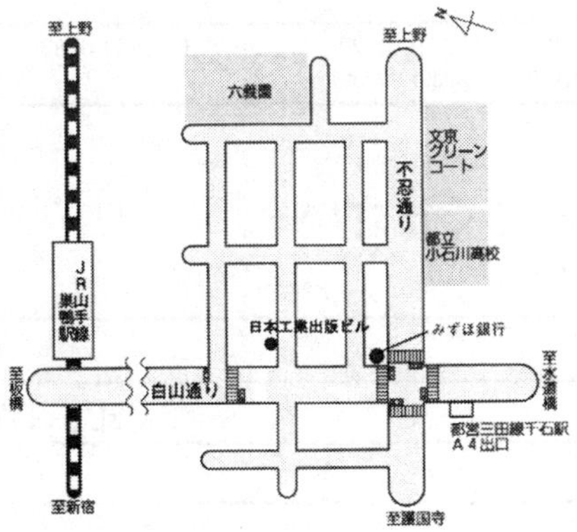

発　行　人　一般社団法人　配管技術研究協会
北川　能

編　　　集　一般社団法人　配管技術研究協会 編集委員会

〒113-8610 東京都文京区本駒込6-3-26

電話　東京(03)3944-4575㈹　振替00150-5-84531

発　　　売
企画・製作　日本工業出版株式会社

〒113-8610 東京都文京区本駒込6-3-26

電話　東京(03)3944-1181㈹　FAX(03)3944-6826

大阪(06)6202-8218㈹　FAX(06)6202-8287

ISBN 978-4-8190-3011-3 C3053 ¥2500E

定価：本体2500円＋税

第58巻第1号4月10日発行(年2回発行)

配管技術研究協会誌 第五八巻 第一号

発行所 一般社団法人 配管技術研究協会
〒113-8610 東京都文京区本駒込六丁目三番二十六号

発売 日本工業出版株式会社
〒113-8610 東京都文京区本駒込六丁目三番二十六号

ISBN978-4-8190-3011-3 C3053 ¥2500E

定価:本体2,500円+税